アフターコロナの都市計画

変化に対応するための地域主導型改革

石井良一 著

JN108475

学芸出版社

はじめに

　2020年初春以降、新型コロナウイルス感染症が日本及び世界で猛威を振るい、発生から1年以上が経過し、ワークスタイルやライフスタイルを大きく変化させている。人同士の接触をできるだけ避けるために、在宅ワーク、リモート会議で仕事をこなし、通販での買い物やデリバリーでの飲食を行う人が増えている。アフターコロナ時代には、都心に毎日通勤し密集して業務をこなす形から、郊外の自宅や地方部の滞在施設等でリモートを活用し業務をするスタイルを併用することが普通になる。都市のデジタルシフトが進み、どこにいても公共サービスを受けることができるようになる。大都市都心部の本社機能や支社機能を縮小する企業も続出している。商業業務地域を中心部に設定し、郊外には住宅を配置するという画一的な都市のあり方も時代にそぐわなくなるだろう。密を避けて地方での生活を希望する動きが強まり、地方都市にとって、オフィス機能の分散、2地域居住や移住の動きはコンパクトなまちづくりへの追い風となろう。

　我が国の都市計画制度は、明治維新以降、欧米の都市をモデルに、都市への急激な人口流入を管理し、良好な市街地環境を形成することを目的に発展してきた。1919年に旧都市計画法が制定され、住居、商業、工業地域というゾーニング制度、都市計画制限、土地区画整理制度などが創設され、高度成長期の1968年には都市計画法が抜本的に改正され、区域区分（線引き）制度、開発許可制度の導入、市域を超えた都市計画区域の設定などが盛り込まれ、以降、建築、土地利用の規制誘導、新市街地や都市計画施設の整備などが進んだ。最近では多くの権限が基礎自治体に移譲され、住民主導のまちづくりとの連携も進められている。

　アフターコロナ時代の動きに対応できず、現在の都市計画制度は次第に機能不全になろう。既に、地方部で人口減少が進行し、空き家、空地、耕作放棄地や所有者不明土地の問題が深刻になっている。今後、我が国は急

激な人口減少社会に突入する。土地の有効活用を図り、コンパクトな市街地形成を迅速に進めなければならないが、縦割行政で全国を統一的なルールで縛っている現在の都市計画制度や農地制度の下で、その実現を図るのは困難になるだろう。変化の時代には、住民に最も近い市町村に権限を集め、柔軟にまちづくりを進めることが必要である。

　本書は、アフターコロナ時代の都市の変化を見据え、これまでの経緯や現状で生じている課題を整理し、都市計画制度や関連制度を抜本的に見直し、市町村が市民とともに市町村全域を対象に、都市をマネジメントする考え方を具現化しようとしたものである。コロナ禍を好機と捉え、都市全域を賢く利用し、コンパクトな暮らしを再構築する運動を始めなければならない。第1章では最近の変化を踏まえ、アフターコロナ時代における都市の変化を展望した。第2章ではコロナ禍以前より地方で生じている危機を明らかにした。第3章では、こうした変化や危機に対して、既存制度ではうまく乗り越えられないことを論述した。第4章では、アフターコロナ時代における都市マネジメントのあり方をこれまでの提案も参考としながら整理した。第5章では、新たな都市計画制度のたたき台を示した。

　本書を執筆する動機は、滋賀大学に赴任以降、地方都市の都市計画の実情を知ったことにある。また、私が主宰する社会人向け講座「滋賀大学公共経営イブニングスクール」において、2013年度に都市計画について学び合った内容が反映されている。本書を執筆するにあたって、2020年6〜7月に全国の1万人以上の市町村にアンケート調査を実施したが、717市町村から回答を頂き、さまざまなご意見を頂戴した。多くの市町村が都市計画制度に対して、疑問と変革への期待を持っていることを知り、執筆への後押しになった。協力いただいた市町村の皆さまにはここに感謝の意を表したい。また、新潟食料大学食料産業学科教授武本俊彦氏、立命館大学環境都市工学科教授岡井有佳氏、滋賀県立大学環境建築デザイン学科准教授轟慎一氏からは貴重なご助言をいただいた。本書が刊行できたのは滋賀大学経済学部の出版助成の賜物である。滋賀大学でいただいた教育と研

究、社会貢献の貴重な機会は何物にも代えがたい私の宝である。編集にあたっては学芸出版社の岩崎健一郎氏にたいへんお世話になった。

　私は90年代初頭にアメリカペンシルバニア大学都市計画大学院に留学していたが、その際サマージョブとして4ヶ月間ニューヨーク市役所ブロンクスオフィスに勤務する機会を得た。毎日自転車に乗って、測定器で建物の用途、高さや容積を測って記録した。それは現状を把握し、実態に合わせてダウンゾーニングを行うためであった。用途地域は国が定めるのではなく、自治体が自治体の戦略に基づき、それぞれの地区の現状に合わせて設定するものだと知った。あれから30年位経ったが、ようやく我が国でも市町村が自分たちの貴重な土地資源をどのように有効に活用するか、どのようにして生活の質の向上を図るかを考える時代が来たように思える。本書がコロナ禍を乗り越え、その先にある未来のまちづくりを考える礎になることを願っている。

　2021年3月

著者　石井　良一

目 次

第1章
アフターコロナ時代に都市はこう変わる

　2020年初春から新型コロナウイルス感染症が日本及び世界で猛威を振るい、人々はステイホームを強いられ、ライフスタイル、ワークスタイルは様変わりした。新型コロナウイルス感染症のワクチンや治療薬もすぐには普及が見込めない中、更なる感染症の変異も予想される。本章では都市にどのような変化が生ずるか展望したい。

1　感染症と共存する都市

　人類は感染症と共存してきた。感染症が人類の脅威となったのは、集落に定住し人同士あるいは人と家畜が密接に暮らすようになってからだ。さらに、食肉により家畜の病気が人間にうつる機会が増え、都市の拡大により開発が進み、野生動物からの感染リスクも増えた。都市での集住により、感染症は瞬く間に拡大し、さらに交通網の発達により世界的流行、いわゆるパンデミックになっていく。14世紀に「黒死病」と呼ばれるペストがヨーロッパを中心に大流行し、ヨーロッパでは死者はおよそ2500〜3000万人、人口の3〜4割を失ったと言われている[1]。航空網が発達している現代ではパンデミックになるスピードも著しく速く、2020年1月に武漢で確認[2]された新型コロナウイルス感染症は瞬く間に世界中に拡がり、感染者数は2021年1月には1億人を超え、さらに増加している。

　これまで人類は、上下水道の整備、ワクチンや新薬の開発、医療施設や制度の普及、栄養の向上、防疫などさまざまな対抗手段で感染症を克服してきた。表1-1は感染症法（感染症の予防及び感染症の患者に対する医

表 1-1　我が国における感染症の種類

分類	定義	感染症例	主な対応
1 類	感染力や罹患した場合の重篤性などに基づく総合的な観点からみた危険性が極めて高い感染症	エボラ出血熱、クリミア・コンゴ出血熱、痘そう、南米出血熱、ペスト、マールブルグ病、ラッサ熱	原則入院、消毒、通行制限
2 類	感染力や罹患した場合の重篤性などに基づく総合的な観点からみた危険性が高い感染症	急性灰白髄炎、結核、ジフテリア、鳥インフルエンザ（H5N1）、鳥インフルエンザ（H7N9）	状況に応じて入院、消毒
3 類	感染力や罹患した場合の重篤性などに基づく総合的な観点からみた危険性は高くないものの、特定の職業に就業することにより感染症の集団発生を起こしうる感染症	コレラ、細菌性赤痢、腸管出血性大腸菌感染症、腸チフス、パラチフス	特定職業への就業制限、消毒
4 類	人から人への感染はほとんどないが、動物、飲食物などの物件を介して人に感染し、国民の健康に影響を与えるおそれのある感染症	E 型肝炎、A 型肝炎、エキノコックス症、黄熱、オウム病、ダニ媒介脳炎、炭疽、デング熱、日本紅斑熱、日本脳炎、発しんチフス、ボツリヌス症、マラリア	動物の措置を含む消毒等の対物措置
5 類	国が感染症発生動向調査を行い、その結果に基づき必要な情報を国民や医療関係者などに提供・公開していくことによって、発生・拡大を防止すべき感染症	アメーバ赤痢、梅毒、破傷風、百日咳、風しん、麻しん、感染性胃腸炎、水痘、手足口病、伝染性紅斑、突発性発しん、インフルエンザ	感染症発生状況の収集・分析
新型インフルエンザ	新型：新たに人から人に伝染する能力を有することとなったウイルスを病原体とするインフルエンザであって、一般に国民が当該感染症に対する免疫を獲得していないことから、当該感染症の全国的かつ急速なまん延により国民の生命及び健康に重大な影響を与えるおそれがあるもの		
	再興型：かつて世界的規模で流行したインフルエンザであってその後流行することなく長期間が経過しているものが再興したものであって、一般に現在の国民の大部分が当該感染症に対する免疫を獲得していないことから、当該感染症の全国的かつ急速なまん延により国民の生命及び健康に重大な影響を与えるおそれがあるもの		
指定感染症	1〜3 類に準じた対応の必要が生じた感染症（政令で指定、1 年限定）「新型コロナウイルス感染症」は 2 類相当と指定		政令により定める

（感染症法の分類に基づき作成）

療に関する法律）」に位置づけられた感染症の分類である。新型コロナウイルス感染症は、2020 年 1 月に指定感染症の 2 類相当と政令で指定され、入院、消毒措置がとられている。感染症の種類は多く、完全に撲滅した感染症はほとんどなく、新型感染症や再び感染を拡大させている感染症も多い。いずれ新型コロナウイルス感染症も克服されるだろうが、短期間に我が国も含めて世界各地で多くの感染者や死者を出した新型感染症は、医療体制が整ってきたここ数十年来で初めてのことである。有効なワクチンや

治療薬もすぐには普及しない中、特に密集して生活している大都市部で感染者が多く、大都市におけるライフスタイル、ワークスタイルを大きく変化させており、それは国土や都市のあり方にも大きな影響を与えることになる。

2 都市における暮らしや働き方の変化

　新型コロナウイルス感染症の感染拡大に対して、世界で一番初めに感染が拡大した中国武漢市では、2020年1月23日から76日間にわたるロックダウン（都市封鎖）を行った。市民にステイホームを命じ個人の行動を管理し、企業活動を禁止し外部への移動を一切制限することで、外部への感染拡大を防止するという目的であるが、人口約1100万人の巨大都市で繰り広げられた光景は映像等で我が国にも配信され、多くの人は慄いた。

　国内で初めて感染が確認されたのは2020年1月16日である。中国や続いて感染爆発した欧米との人の移動は活発で、実際に国境での完璧な水際対策は困難であり、日本での感染拡大も時間の問題であった。感染者が徐々に増加する中、政府は2月27日に小中学校の一斉休校を要請し、東京都は3月25日に週末の不要不急の外出自粛を要請、政府はようやく4月7日に7都府県に対する緊急事態宣言を発令、4月16日に全国に拡大

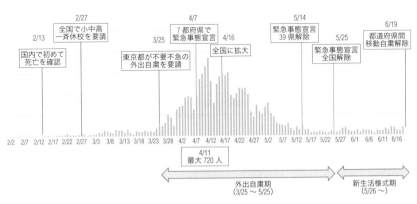

図1-1　新型コロナウイルス新規感染者数の推移（第1波）　　　（NHKデータに基づき作成）

した。我が国においては武漢のような厳しいロックダウン措置は採らなかったものの自主的なステイホームが始まった。商業施設、運動施設、観光施設等広範な休業要請により多くの企業活動も止まり、海外との出入国もなくなり、実質的にはロックダウンと同様な現象をもたらした。緊急事態宣言が全国で解除されたのが5月25日、東京都が外出自粛を要請してから約2ヶ月間、日本全体でステイホームが実践され、まちから人が消えた。

　全国規模での2ヶ月に及ぶ外出自粛は、図1-2に示すように、人々の暮らしや働き方、また地域社会に大きな影響を与えた。1点目の変化は家庭での食事中心への変化である。多くの飲食店等は休業要請を受け入れ、繁華街から人が消えた。また、小中高校の休校により給食がなくなったこともあり、家庭での食事機会が飛躍的に増え、住宅地のスーパーや宅配が活況を呈した。2点目は在宅でのテレワーク、リモート会議の急速な普及である。企業活動は継続していたが、ステイホームの呼びかけに応じ、多くの企業は在宅でできる仕事を切り分け、これまでにない規模でのテレワークを展開した。大学や学習塾、各種スクールでも全面的にオンライン授

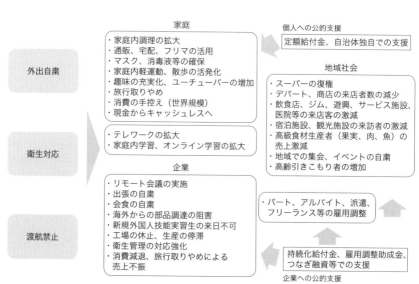

図1-2　外出自粛期における都市の暮らしや働き方の変化

業が展開された。3点目は観光客やイベントの喪失である。2019年には外国人観光客は過去最高を記録し、全国各地で観光関連産業は活況を呈したが、外国人観光客がまちから消えた。外出自粛により、旅行や出張、会食もなくなり、ホテルなど観光関連産業に大きな打撃を与えた。地域の祭りや文化、スポーツイベントもなくなり、都市を彩るエンターテインメントが消えた。一方で、若い人を中心にユーチューブなどの動画配信を通じて積極的に自己表現や交流を増やし、新しい楽しみ方も模索された。

　感染者数が減少に転じ、緊急事態宣言は5月25日に全国で解除された。2ヶ月に及ぶ外出自粛は経済や家計に大きな影響を与えることとなった。政府や自治体は未曽有の規模の予算を編成し、金銭的支援などを通じて影響の緩和に努めた。その後は、経済活動の再開に踏み切り、国民には「新しい生活様式」での行動を求めた。その特徴は、3密（密閉、密接、密集）の回避、ソーシャルディスタンスの確保、広域での移動の抑制である。感染者数はしばらく抑制されていたが、6月19日に都道府県間の移動自粛の解除後、感染者数は第2波と言えるような増加を示した。企業は再び在宅でのテレワーク勤務を拡大させ、会食、出張の自粛を進めた。第2波については、感染者数は8月上旬にピークを迎えた後に減少に転じ、9月以

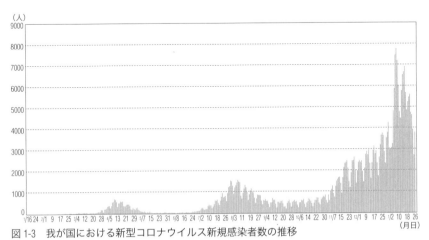

図1-3　我が国における新型コロナウイルス新規感染者数の推移

（出典：厚生労働省オープンデータより作成）

降は高止まりで横ばいを続けていた。

　イベントの入場者の制限緩和や GoTo キャンペーン[3]も徐々に開始され、国民は感染防止と経済の維持を図る「新しい生活様式」での行動を身に付けつつあるが、10 月下旬から再び第 3 波と言われる急激な増加を示している。12 月に入り、重症者数が急増し、都市部を中心に GoTo キャンペーンの見直しや再度の外出自粛や飲食店等の営業時間制限が始まり、予断を許さない状況が続いている。2021 年 1 月 7 日には 1 都 3 県（東京都、神奈川・埼玉・千葉県）を対象に再度の緊急事態宣言が出され、1 月 13 日には 2 府 5 県（大阪・京都府、栃木・愛知・岐阜・兵庫・福岡県）が追加された。飲食店に営業時間の 20 時までへの短縮を要請、住民に不要不急の外出・移動自粛を要請、企業にテレワークにより職場での出勤者の 7 割削減を要請、外国人の全面的な入国制限等を課した。

　ワクチンの投与が欧米等で始まっているが、日本においては効果や副作用の確認も必要で、国民全体にワクチンが普及するには時間がかかることが予想される。ワクチンは発症予防、重症化予防に効果があるとされているが、感染予防や免疫の持続期間については不明である。しばらくは新型コロナウイルス感染症とつきあわなくてはいけない。

　新生活様式期における都市の暮らしや働き方の変化は図 1–4 のように整理できる。人々の行動で特徴的なことをあげると、1 点目はホワイトカラーにおけるテレワーク、リモート会議の定着である。働き方改革が叫ばれていたが、基本的な働き方を変えないままでの残業や休日勤務の削減、時差勤務などは働く者に負荷を与えるものでありなかなか進まなかった。しかしながら、外出自粛期にやむを得ず始めたテレワーク、リモート会議は通勤時間や営業に費やす時間や費用を劇的に削減し、子育てと勤務の両立や生産性の維持に貢献することを図らずも実証した。ホワイトカラーのみならず、製造業などのブルーカラーにおいても導入可能な余地があることが認識された。2 点目は繁華街に立地している飲食店、娯楽施設の売上減少である。新生活様式期に入っても、感染防止の観点から席数の削減、

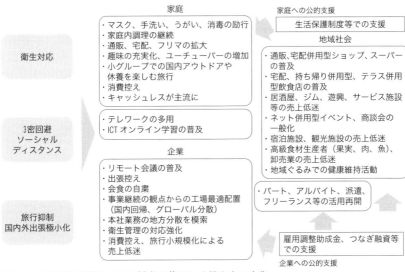

家庭

・マスク、手洗い、うがい、消毒の励行
・家庭内調理の継続
・通販、宅配、フリマの拡大
・趣味の充実化、ユーチューバーの増加
・小グループでの国内アウトドアや休養を楽しむ旅行
・消費控え
・キャッシュレスが主流に

家庭への公的支援

生活保護制度等での支援

地域社会

・通販、宅配併用型ショップ、スーパーの普及
・宅配、持ち帰り併用型、テラス併用型飲食店の普及
・居酒屋、ジム、遊興、サービス施設等の売上低迷
・ネット併用型イベント、商談会の一般化
・宿泊施設、観光施設の売上低迷
・高級食材生産者（果実、肉、魚）、卸売業の売上低迷
・地域ぐるみでの健康維持活動

衛生対応

3密回避
ソーシャル
ディスタンス

・テレワークの多用
・ICT オンライン学習の普及

企業

・リモート会議の普及
・出張控え
・会食の自粛
・事業継続の観点からの工場最適配置（国内回帰、グローバル分散）
・本社業務の地方分散を模索
・衛生管理の対応強化
・消費控え、旅行小規模化による売上低迷

旅行抑制
国内外出張極小化

・パート、アルバイト、派遣、フリーランス等の活用再開

雇用調整助成金、つなぎ融資等での支援

企業への公的支援

図1-4　新生活様式期における都市の暮らしや働き方の変化

営業時間の短縮、社用族の利用縮小などにより売り上げが低迷している。既に営業をあきらめ閉じた店も多い。3点目は大型宿泊施設や文化スポーツ施設の不振である。政府は GoTo トラベルキャンペーンにより観光業への支援を強化したが、外国人観光客の消滅、出張・イベント・宴会需要の減少は、特に都市中心部にある大型ホテルを直撃している。温泉地においても古い大型旅館は設備投資も困難で経営不振にあえいでいる。劇場や映画館、スポーツアリーナ、メッセなどは3密を避けながら営業するという前例のない状況に戸惑っている。

　コロナ禍を通じて、人々が強く認識したのは、感染症の感染危険性が密集して生活している大都市部で高いことである。第2波がほぼ安定した9月18日[4]までの感染者の75％が東京大都市圏（東京、埼玉、神奈川、千葉）、大阪大都市圏（大阪、京都、兵庫）、名古屋大都市圏（愛知、岐阜）に集中していた。1都3県に再度の緊急事態宣言が出された1月7日までの感染者数の72％が依然3大都市圏に集中していた。

　人々の日常的な行動形態はコロナ前から大きく変化した。都心における

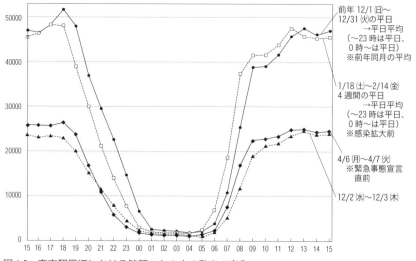

図 1-5　東京駅周辺における時間ごとの人の動きの変化

(出典：モバイル空間統計「新型コロナウイルス感染症対策特設サイト」)

人の動きを見ると、1月中旬においてもコロナ前と比較すると、オフィスが集積している東京駅周辺で日中で約5割減となっている。在宅ワークの定着化、出張や顔を合わせての会議の抑制などが原因であると考えるが、長期にわたってこの動きが継続する可能性が高い。

3　アフターコロナ時代の都市の変化のメガ潮流

　今後、新型コロナウイルス感染症の感染防止と経済再生のバランスを図りながら有効なワクチンや特効薬の普及を待つこととなるが、それにはしばらく時間がかかる。いずれ有効なワクチンや特効薬の普及により、人々の暮らし方や働き方がビフォーコロナの状況に徐々に戻っていくことになろうが、コロナ禍で身に付けた新しい生活様式が徐々に定着していき、これまでの都市を少しずつ、そして将来には大きく変化させていくことになろう。

　アフターコロナ時代の都市の5つの大きな変化について展望したい。

⑴オフィスの変容

　コロナ禍において、在宅でのテレワークや時差通勤、リモート会議の推進により、ホワイトカラーを中心にオフィス内が閑散としている状況が続いている。各社は在宅ワークを可能とする社内システムを整備し、業務を切り出した。Zoom や Microsoft Teams などのリモート会議システムは格段に使いやすくなり、人々は使うことでオンラインでの業務に慣れていった。営業の基本は対面営業、接待が常識であったが、コロナ禍ではむしろ接触を避けリモートで行う方が双方にとって好ましく、多くの企業で接待は当面の間自粛されている。

　コロナ禍の経験を経て、大手企業が次々と大胆な働き方改革を発表している。2020 年 4 月に富士通（株）は国内の管理職 1 万 5000 人にジョブ型人事制度[5]を導入し、将来は全社員に導入することを発表した。同年 7 月には新たな働き方「Work Life Shift」の推進を発表した[6]。この中では、製造現場等を除く国内約 8 万人の勤務はテレワークを基本とし、通勤定期の廃止、単身赴任の廃止などを打ち出し、それに伴い、全席フリーアドレス化、全国各地へのサテライトオフィスの整備などにより 3 年間でオフィス面積（約 120 万 m²）を半減することを明らかにした。キリンホールディング（株）は、コロナ禍で物流や製造部門を除く社員約 1 万人に対し出社上限 3 割を維持してきたが、その経験を踏まえ、同年 7 月からは働く場所に関して自宅を「ファーストプレイス」とし、社内会議や出張は原則オンラインを活用することとした。さらに、自宅、職場の他に、会社がシェアオフィス事業者と契約し、首都圏に約 110 拠点の「サードプレイス」を用意している[7]。（株）パソナグループは、同年 9 月に、千代田区の本部で行っていた本社業務を順次淡路島に移転し、これにより 2023 年度末までに本社機能約 1800 人のうち 1200 人が淡路島に移住することになると発表した[8]。淡路島オフィスでは外部企業の方も利用できるワーケーション[9]施設も併設させる計画である。

　地方に本社を置く企業の中から営業拠点としての東京営業所、大阪営業

所を閉じる動きも出ている。また、IT ベンチャーなどにおいては、これを機会に本社を持たず全員リモートワークに切り換える動きも見られる。アメリカの GitLab 社はコロナ禍以前より「世界最大のオールリモートカンパニー」を標榜し、1200 人以上いる社員全員が世界 66 ヶ国に分散し、リモートワークで業務を行っている。宮崎県西都市に本社を有する（株）キャスターは、「リモートワークを当たり前にする」を理念に、秘書・経理・人事・Web 運用業務に関するオンラインアシスタントサービスを展開しているが、2014 年の設立以来、自社でもリモートワークを前提に業務フローを設計し、現在 700 人以上のスタッフが全国、海外でリモートワークを行っている。

　こうした各社の動きは今後本流になっていくだろう。これからも重要な意思決定や会議は対面で行うことは変わらないだろうが、毎日定時に出勤し、部署ごとに分かれた自分の机で、密な状態で業務や食事をする必要性は急速に薄れる。時と場合に応じて、本社勤務、在宅勤務、シェアオフィス勤務、ワーケーションなどを使い分けることになろう。都心にオフィスが集積されている都市の形も少しずつ変化を余儀なくされるだろう。

　こうした潮流を受けて自治体の動きも急ピッチだ。神戸市は 2020 年 5 月に「六甲山上スマートシティ構想」を発表し、閉鎖が相次いでいる企業の保養所や研修所を活用し、自然調和型オフィスの誘致を行うこととした。ブロードバンド通信サービスを整備し、遊休施設の改修経費や情報通信環境整備費に対して最大 3000 万円補助する制度を創設し、2020 年度は 2 社が選定された。岐阜県は 2020 年 7 月に、空き家や空店舗の活用を想定し、県外に本社がある企業が県内にサテライトオフィスを整備する場合に建物の取得、改修や設備構築に最大 3000 万円を補助する「岐阜県サテライトオフィス誘致推進補助金」を創設した所、2020 年 12 月現在で 16 件もの応募があったそうだ [10]。

　オフィスとして想定もしない場所が 3 密でない創造的なビジネス環境を提供することとなる。

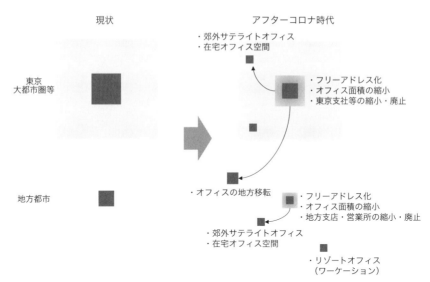

現状　　　　　　　　　　アフターコロナ時代

・郊外サテライトオフィス
・在宅オフィス空間

東京
大都市圏等

・フリーアドレス化
・オフィス面積の縮小
・東京支社等の縮小・廃止

・オフィスの地方移転

・フリーアドレス化
・オフィス面積の縮小
・地方支店・営業所の縮小・廃止

地方都市

・郊外サテライトオフィス
・在宅オフィス空間

・リゾートオフィス
（ワーケーション）

図 1-6　オフィスの変容

⑵実店舗の減少加速化

　コロナ禍で顕著な消費の変化は、いわゆる「巣ごもり」消費の拡大である。実店舗に関しては、食品やマスクなどの衛生用品、日用品の購入でスーパーやドラッグストア、料理、掃除や趣味に費やす時間が増えたために家電量販店やホームセンターが好調だ。また、料理の手間の短縮、外食に代わる楽しみから、飲食店でのテイクアウトの活用が進んだ。実店舗では商品選択が限られることや外出自粛のために、ネットショッピングが拡大したのも特徴的である。ネットショッピング 1 人あたり支出額は、2020年 11 月には前年同月比 33％、4755 円の増加、1 万 9090 円となった。我が国全体では約 5000 万世帯あるので、単純に計算すれば 11 月には約2400 億円が実店舗からネットショッピングに移ったことになる。

　また、外出自粛の間に掃除が進み、使わないモノをネットで売買する人が増え、メルカリや PayPay フリマのようなフリマアプリの活用が進んだ。

　新しい生活様式の定着により、巣ごもり消費は緩和されるが、一度覚えたネットショッピングやフリマの活用は今後とも増加するだろう。それは、

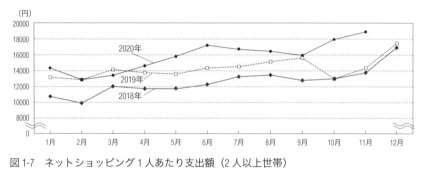

図1-7　ネットショッピング1人あたり支出額（2人以上世帯）

(出典：総務省「家計消費状況調査　ネットショッピングの状況について」2020年11月調査)

直接的にモノを売る実店舗の減少につながる。ネットショッピングで生産者から直接購入することも増え、卸売市場の取扱額減少や卸売業の減少にも拍車をかける。買い物難民が問題になっているが、宅配便のトラックは全国どこでも集配可能であり、今後生鮮食料品も含めますますネットショッピングの利用が増えるだろう。一定額以上で配送料が無料になり、映画が見放題になるアマゾンプライム会員になることがへき地や離島に住む要件になっているそうだ。

　飲食店については、ソーシャルディスタンスの確保による店舗席数の減少や営業時間の短縮要請などが今後も予想され、店外売り上げを伸ばさざるを得ない。多くの飲食店が、店内飲食、テイクアウト、デリバリー、商品のネット販売を組み合わせたハイブリッド型で活路を見出していくだろう。デリバリーに特化するいわゆるゴーストレストランも増えていくだろう。バー、クラブ、小規模カラオケ店など感染対策の対応や業態転換が困難な店舗の廃業が進む。

　現状でも中心市街地の空洞化、スポンジ化が問題になっているが、アフターコロナ時代には、ますます中心市街地や近隣商店街の空洞化に拍車がかかるだろう。

　ここで、厳しいロックダウンを経験した欧米都市において、提唱されているアフターコロナ後の都市戦略「15分コミュニティ（15 minuites city）論」を紹介しておこう。ロックダウンにおいて、人々は自宅にいることを

余儀なくされ、普段の生活の充足や孤立感に悩まされた。「そのコンセプトは、15分の徒歩圏内に、したがって自転車で簡単に到達できる規模のコミュニティに、生鮮3品を売る店がある、日用品がある、カフェがある、学校がある、病院がある、スポーツクラブや映画館、図書館がある、そして職住近接が実現している–それが15分コミュニティ論の掲げる究極的なコミュニティのかたちである。」「15分コミュニティは、経済的、社会的、文化的、また行政上のサービスに、だれもが平等に、そして容易にアクセスできるコミュニティ空間を創造する運動である。そこでは、近代都市計画が追い求めてきた単一用途主義（住居専用地区、商業専用地区など土地用途の純化主義）を唾棄し、複合用途／多機能用途のゾーニングを目指している。」[11] コンパクトな暮らしを実現できる住区が合わさり、コンパクトシティになる。パリ、ミラノ、グラスゴー、デトロイトなどがこの運動に熱心に取り組んでいる。

　我が国においてもモータリゼーション以前の都市ではあちこちにこのような住区が存在していた。繁華街や商店街においては店舗の減少加速化が進むことが予想されるが、住区レベルでコンパクトな暮らしを再構築する取組が求められているのではないだろうか。

⑶スマート工場化の促進

　コロナ禍は想定以上に製造業を直撃した。供給面では、外出自粛による国内外工場の製造ラインの一時停止、国境封鎖による技術者の移動のストップ、外国人技能実習生の来日延期、サプライチェーンの分断による海外からの原料や部品のストップ等による生産量の減少に追い込まれた。需要面では、自動車が典型的であるが、世界中で移動制限が続く中、対面サービスや移動に関する製品が未曽有の販売減に見舞われた。トヨタ自動車の豊田章男社長は「今回のコロナショックというのは、リーマンショックよりもインパクトがはるかに大きい」と述べた。[12] また、マスクや防護服、消毒液など多くを中国や東南アジア等に依存していることも露わになった。

コロナ禍以前より、日本の製造業の地盤低下が懸念され、製造業の復権をかけ、Society5.0実現に向けて、第4次産業革命技術（IOT、ビッグデータ、人工知能、ロボット）の社会実装による新たな製品、サービスの創出と生産性革命が要請されていた。[13]コロナ禍はそれを推進する大きな契機となるだろう。変化の1点目は既存工場のスマート工場[14]への転換である。スマート工場とは、センサーやITシステムなどのデジタル技術を組み合わせて工場内の生産機器のネットワーク化を行い、稼働状況の把握や経営全体の観点を踏まえて自律的な最適稼働を実現することである。アフターコロナ時代における需要の急激な変化や顧客の嗜好に対応してグローバルレベルで最適な生産を行おうとするものである。東日本大震災でサプライチェーンの再構築に苦労したが、コロナ禍を契機に、大手企業において一気にスマート工場への転換が進められている。それに対応して、難しいと言われていた工場のリモート管理も進んでいくだろう。

　2点目はグローバル水平分業体制の見直しである。コロナ禍だけでなく米中関係の悪化、イギリスのEU離脱など国際関係の不確実性が増している。マスク生産で明らかになったように、有事の際に国内製造に迅速に切り替えられるような体制の構築も求められている。

　工場の概念も変わってきている。高度成長期の工場は、騒音、振動、ばい煙、水質汚染などを伴うものが多く、公害の元凶となっていた。その後、法律の制定や企業の自主努力もあり、国内に立地する工場の多くはクリーンな工場になってきている。業務、研究機能や物流機能を併設したハイブリッドな工場も多くみられる。

　都市計画では、用途地域上、工場は工業地域などに立地を誘導し、住宅地からはできるだけ排除する考え方をとってきたが、日本のものづくりを強化するためにも立地に関して柔軟な対応も必要になるのではないだろうか。

⑷ワークライフ融合のツーリズムの拡大

　テレワークの普及と働き方改革の推進により、仕事、休暇を区別する従来の考え方に変化が生ずる。

　ワーケーションを導入している企業はまだ一部であるが、野村総合研究所の事例を紹介しよう。[15] 野村総合研究所のデータセンターサービス本部では、社員の活気のなさに課題を感じていた。システム業務はオフィスに閉じこもり、長期にわたる単調な業務が多い。そこで、2017年冬より、年に3回、約2週間から1ヶ月間、10数名のチームを徳島県三好市に送り、古民家宿泊施設に滞在しながら業務を行う「三好キャンプ」と呼ぶ試みを続けている。業務の合間には、地元の学校へのロボットやVRをテーマとした出張授業、行政職員向けに業務改善を目的としたIT勉強会、獣害や水害などに対するITを活用した対策検討などの社会貢献や「四国酒祭り」といったローカル活動への参加も積極的に行っている。チームの一体感が強まった、自分の働き方や時間の使い方を見直すきっかけになった、地域課題への関心も広がった、との声があるそうだ。

　アフターコロナ時代のワーケーションの拡大を睨んで、自治体や事業者の動きも活発だ。2019年11月にワーケーションの全国的な普及・促進を図るために、和歌山県、長野県が音頭をとって65自治体で設立された「ワーケーション自治体協議会」の会員数は2021年1月には164自治体に広がった。[16] 不動産情報サービスの（株）LIFULL（ライフル）は2023年までに100ヶ所のワーケーション施設を計画している。[17] 星野リゾート、プリンスホテルズ＆リゾーツ、かんぽの宿、東急バケーションズなどでも全国各地のホテルでワーケーションプランを提供している。

　また、「いつもの場所がいくつもある、という生き方。」をコンセプトに、2018年11月から月4万円での定額住み放題サービスを提供している（株）アドレス（ADDress）は、コロナ禍で会員数を増やしている。全国で増加している空き家をリノベーションして宿泊滞在施設として提供、利用者は定額月4万円で全国どこの施設でも利用可能である。2020年12月に100

軒に到達、2030 年までには 20 万軒、会員数 100 万人を目指している。[18]

　2018 年 6 月に施行された「住宅宿泊事業法」(民泊新法) に基づき登録された民泊は 2021 年 1 月に全国で 2 万 8109 件 (うち事業廃止件数 8539 件) に達した。[19] コロナ禍で外国人観光客を対象にした所は厳しい経営を余儀なくされているが、国内客を主対象に堅実に経営を行っている所もある。

　アフターコロナ時代の旅の変化についても述べておきたい。感染防止の観点から、個人グループによるアウトドア指向、マイカー利用での旅が増えている。旅の目的も物見遊山から、安心安全な滞在場所で心と身体を休めることを目的とするようになった。滋賀大学では、2019 年度から観光中核人材の育成を目的に「ウェルネスツーリズムプロデューサー養成講座」を開催している。ウェルネスツーリズムとは、「自然散策、ヨガ、瞑想、フィットネス、スパ、食、レクリエーション、交流などを通して、地域の資源に触れ、心と身体をリフレッシュし、明日への活力を得る旅のこと」と定義しているが、アフターコロナ時代の旅の主流になると考えている。いつもと違う場所で、仕事をしながら、ウェルネスプログラムを楽しむようなライフスタイルが顕在化するだろう。

　旅をしながら働く、暮らしながら旅をする、ワークスタイルとライフスタイルの融合が進む。オフィス、宿泊施設、住宅の用途で分けてきた都市の形も変わるだろう。

⑸都市のデジタルシフト

　2020 年 3 月から日本でも 5G「第 5 世代移動通信システム」と呼ばれる高速・大容量の通信サービスが始まっている。アフターコロナ時代には都市のデジタルシフトが一気に進むことが期待される。都市のデジタルシフトには、行政のデジタルシフトと都市の公共サービスのデジタルシフトがある。

　行政のデジタルシフトに関しては、コロナ禍で行政手続きのデジタル化

の遅れが目についた。新型コロナウイルス感染症対策で国民に一律10万円を配る特別定額給付金についてオンライン申請を可能としたが、相談、マイナンバーカードの申請、パスワードの再申請などで自治体の窓口に長蛇の列ができ、申請を受け取った自治体側も紙での申請、オンライン申請が混じる中、書類の不備の確認、本人・世帯の確認などに手間取り、支給がおおいに遅れた自治体が続出した。本来、オンライン申請は非接触、迅速な支給のために導入を決めたはずであるが、皮肉な結果となった。

　2020年9月からマイナポイント[20]も始まったが、マイナンバーカードの普及率は、2020年1月の15.0％から伸びたものの2021年1月現在で21.8％と依然低調である。児童手当などのオンライン申請を可能としている「ぴったりサービス」が利用できる自治体数も伸び悩んでいる。コロナ禍で、隣国の中国、台湾、韓国などがITをフル活用し、さまざまなデータを国民に開示し、行動変容を促したのに比較して、我が国は行政のデジタル化、国民への定着が全く進んでいない。

　地方制度審議会は、2020年6月に「2040年頃から逆算し顕在化する諸課題に対応するために必要な地方行政体制のあり方等に関する答申（案）」を公表したが、人口減少、自然災害や感染症リスクにも対応し、情報システムの標準化を進め、地方行政のデジタル化を強く求める内容となっている。

　公共サービスのデジタルシフトに関してもコロナ禍を契機にようやく大きく動いた感がある。一点目の動きはオンライン診療の進展だ。長らく医師法第20条の無診察診療の禁止に縛られていたが、1997年に離島やへき地、特別な病気の患者に対して解禁、2018年には厚生労働省から「オンライン診療の適切な実施に関する指針」が公表され、保険適用対象となった。しかし、対面診療が原則であり、利用は大きく広がらなかった。コロナ禍で患者が通院することをためらうようになり、医療機関側も患者が押し寄せるのを避けることとなったため、厚生労働省は2020年4月に新型コロナウイルス感染症の流行が収束する期間に限って大幅に利用拡大を認

めた。[21] これにより、初診でもどんな病気でも初めての病院でも可能となった。薬の処方も可能とし、オンライン診療報酬の割合の上限も撤廃された。研修受講義務という病院側の負担も軽減された。これにより、受診可能な病院は飛躍的に増えた。一度活用が進むと、医師側、患者側でもうまくオンライン診療を使い分けている。アフターコロナ時代にもオンライン診療は広く普及すると考えられる。

　二点目の動きは、オンライン教育の進展である。3密を避けるため、全国ほとんどの大学において、2020年度前期授業は全面的にオンライン授業に移行した。我が国の場合、対面授業が定着しており、オンライン授業はほとんど皆無であった訳で、極めて短い期間に準備が整えられ実現された。後期授業においては対面授業とオンライン授業を使い分けながら大学教育が進められている。また、2ヶ月間を超える休校を迫られた小中学校でもオンライン教育の導入が試行された。文部科学省は2019年12月、2023年までに小中学校の全学年で1人1台のパソコン配備を目指す「GIGA[22]スクール構想」を打ち出したが、電子黒板やタブレットの活用が中心で、オンライン教育までは想定になかった。一例であるが、熊本市では2020年4月から、市立小学校の3年生以上の児童（約2万7500人）と市立中学校の生徒（約1万9000人）を対象に、インターネット回線で学校と家庭をつないだオンライン授業を実施した。コロナ禍を経験し、感染症の更なる拡大に備えて、文部科学省もGIGAスクール構想を前倒しし、2020年度末までに実現する方針を決めた。教師、児童生徒も経験を積み重ねながら、対面授業と連携し、オンライン教育が徐々に進展するだろう。

　スマートシティの実証実験も進行している。スマートシティとは、「都市の抱える諸課題に対して、ICT等の新技術を活用しつつ、マネジメント（計画、整備、管理・運営等）が行われ、全体最適化が図られる持続可能な都市または地区」[23] である。当初はエネルギー消費の効率化に取り組むモデルとして検討が進められたが、近年は、「環境」「エネルギー」「交通」「通信」「教育」「医療・健康」等複数の分野に幅広く取り組む分野横断型

モデルが増えている。2019年度からは社会実装をめざして全国各地で先進スマートシティモデル事業を展開しているところである。

　既存都市における取組に加えて、トヨタ自動車（株）が2020年1月に発表した、「コネクティッド・シティプロジェクト」（Woven Cityと命名）の行方が注目される。それは、同社東富士工場（裾野市）跡地を利用して、約70haの新都市において、約2000人が住むことを想定し、人々が生活を送るリアルな環境のもと、自動運転、モビリティ・アズ・ア・サービス（MaaS）、パーソナルモビリティ、ロボット、スマートホーム技術、人工知能（AI）技術などを導入・検証できる実証都市を新たに創るものである。NTT等幅広く世界の企業との連携で実現をめざしている。地元の裾野市も2020年3月に「スソノ・デジタル・クリエイティブ・シティ構想」を発表し、本プロジェクトを全面的に支援している。コロナ禍を経て、本プロジェクトは、東京からのオフィス分散化や地方への移住ニーズを受け止め、利便性が高く、効率性に優れ、感染症や災害に強い都市モデルとなるだろう。

4　都市の変化を阻む立地規制

　アフターコロナ時代のメガ潮流を受けて、国土レベルで機能再編が起きる可能性がある。その変化を受け止められるのか現行法上での課題を提示したい。

⑴東京都心ビジネス地区の量から質への転換

　東京2020オリンピック競技大会の開催も睨んで、総合戦略特区「アジアヘッドクォーター特区」[24)] の支援策などを通じて都市再開発が進み、外資系企業の誘致も功を奏し、この数年東京都心においてはオフィス床の増加が顕著であった。東京都心[25)] におけるオフィスの空室率は2012年には8.9％と高水準であったが、コロナ前の2019年2月には1.49％の超低水準となった。しかしながら、都道府県間移動自粛が解除された6月以降、

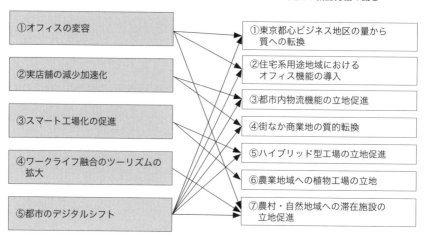

図1-8　アフターコロナ時代の国土の機能再編の動き

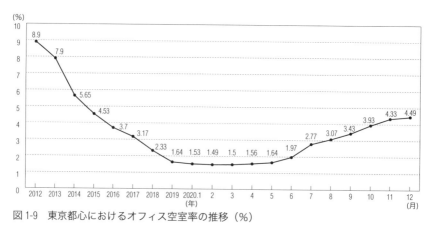

図1-9　東京都心におけるオフィス空室率の推移（%）

（出典：三鬼商事「オフィスマーケットデータ」より作成、各年9月時点）

空室率は図1-9に示すようにじわじわと増加している。

　東京都心においては、着工中の大型再開発が目白押しであり、今後ともしばらくオフィス床の供給増加が続くと予想される。しかしながら、国内における在宅ワークの拡大、フリーアドレス化、海外との渡航制限の長期化等により、都心オフィスの空室率の増加は避けられない。東京都心においては、業務床については量的拡大を図りつつも現状のビジネスエリアを

表 1-2　東京駅周辺における最近の主要な大規模開発プロジェクト

大規模開発プロジェクト	高さ・規模	整備時期
新丸の内ビルディング	198 m・約 20 万 m²	2007
グラントウキョウ	205 m・約 35 万 m²	2007
サピアタワー	166 m・約 8 万 m²	2007
丸の内トラストシティ	178 m・約 18 万 m²	2003〜08
JA ビル	180 m・約 9 万 m²	2009
丸の内パークビルディング	157 m・約 20 万 m²	2009
JP タワー	200 m・約 21 万 m²	2012
読売新聞東京本社ビル	200 m・約 9 万 m²	2013
大手町タワー	200 m・20 万 m²	2014
京橋 2 丁目西地区再開発	約 11 万 m²	2016
大手町 1 丁目第 3 地区再開発	170 m・約 20 万 m²	2016
大手町 1-1 計画	約 26 万 m²	2015〜17
日本橋 2 丁目地区北地区	180 m・約 14 万 m²	2017
大手町パークビルディング	140 m・約 15 万 m²	2017
丸の内二重橋ビルディング	150 m・約 17 万 m²	2018
大手町プレイス	178 m・約 35 万 m²	2018
日本橋 2 丁目地区再開発	174 m・約 29 万 m²	2019
日本橋室町三井タワー	142 m・約 17 万 m²	2019
常盤橋街区再開発プロジェクト A 地区	212 m・約 15 万 m²	2021 予定
東京駅前八重洲 1 丁目東地区再開発	250 m・約 23 万 m²	2025 予定
常盤橋街区再開発プロジェクト B 地区	390 m・約 49 万 m²	2027 予定

（各種公開資料より作成（2020 年初頭時点））

職住遊の快適環境にしていくことが重要視される。既存オフィスについては、滞在型ホテル、住宅、有料老人ホーム、病院等への転用も検討される。オフィスオーナーが連携し、さまざまな季節のイベント、美観維持活動等を面的に行うタウンマネジメントの取組も重要になる。

⑵住居系用途地域におけるオフィス需要の拡大と立地規制

　在宅ワークや勤務地に縛られない働き方の進展により、郊外部の小規模なサテライトオフィス、地方におけるオフィスニーズが顕在化する。郊外や地方においては、オフィスビルだけでなく、空き家等をサテライトオフィスへ転用する動きも出てくるだろう。

　現行法では事務所の立地に関して、住居系用途地域において表 1–3 のような用途制限がなされている。現状の用途地域では、業務機能は専らオフィスビルを想定しているが、アフターコロナ時代には、経営者の住宅と自社オフィスの融合型、郊外住宅地における空き家の活用等の小規模なサテライトオフィスやコワーキングスペースのニーズが顕在化すると考えら

表1-3　現行法における住居系用途地域における事業所立地制限

建築物		田園住居地域	第1種低層住居専用地域	第2種低層住居専用地域	第1種中高層住居専用地域	第2種中高層住居専用地域	第1種住居地域	第2種住居地域	準住居地域
住宅で、非住宅部分の床面積が50m²以下かつ延床面積の1/2未満		○	○	○	○	○	○	○	○
事業所等	1500m²以下	×	×	×	×	2階以下	○	○	○
	1500～3000m²	×	×	×	×	×	○	○	○
	3000m²以上	×	×	×	×	×	×	○	○

れる。しかし現状の用途地域では認められないエリアが多い。オフィス立地の柔軟化を検討する時期が来たのではないだろうか。

⑶住居系用途地域における物流機能ニーズと立地規制

　ネットショッピングの拡大は物流施設の新規立地ニーズを高める。一般的に、都市の物流システムは、広域物流拠点−都市内集配拠点−荷捌き施設で構成される。アフターコロナ時代に増加する個人向けの宅配便においては、住宅地近傍における配送センター、デポなどと呼ばれる都市内集配拠点の整備が重要となる。ここで、小トラック、リヤカーなどへの積み替えが行われる。

　物流施設については、建築基準法及び都市計画法では明確な定義はなく、

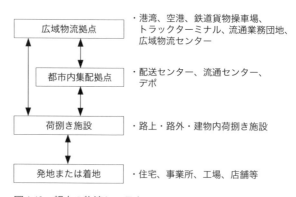

図1-10　都市の物流システム

表1-4　現行法における住居系、商業系用途地域における工場及び自家用倉庫の立地制限

建築物		該当する物流施設	第2種低層住居専用地域	第1種中高層住居専用地域	第2種中高層住居専用地域	第1種住居地域	第2種住居地域	準住居地域	近隣商業地域	商業地域
工場・倉庫等	危険性や環境を悪化させるおそれが非常に少ない工場	配送センター	×	×	×	作業場の床面積50㎡以下	作業場の床面積50㎡以下	作業場の床面積50㎡以下	作業場の床面積150㎡以下	作業場の床面積150㎡以下
	自家用倉庫	デポ	×	×	2階以下かつ1500㎡以下	3000㎡以下	○	○	○	○

　一般的には、配送センターは仕分け作業を主たる目的とすることから「工場」に該当し、デポは一時保管を目的としているので「自家用倉庫」に該当するとされている。デポでも仕分け作業を行っている場合もあり両者の区分は不明確である。

　表1-4に示すように、工場の立地規制は自家用倉庫より厳しく、配送センターの立地は限定的である。工場と自家用倉庫の床面積の違いも極端である。法制定当時は、このように個人宅配が普及するとは想定されておらず、法が追いついていない。アフターコロナ時代に個人宅配が増えることは明らかであり、明確な位置づけ、適切なゾーニングが必要である。近隣商業地や住宅地における荷捌き施設の整備も十分ではなく、空地の有効活用も含めて今後の検討課題である。

⑷街なか商業地の質的転換と住居系用途地域への店舗の立地規制

　どこの地方都市においても街なかに商店街、繁華街と言われる場所があり、1960年代まではおおいに賑わった。高度成長期においてマイカーが普及し、郊外に大型ショッピングセンターが次々に整備され、急速に街なかの商店街は寂れ、現在に至っている。中心市街地活性化政策を展開しているが、商店主の高齢化、担い手不足、チェーン店やコンビニの進出も影響し、商店数の減少には歯止めがかかっていない。シャッター街になっている商店街も多く見かける。アフターコロナ時代にはネットショッピング

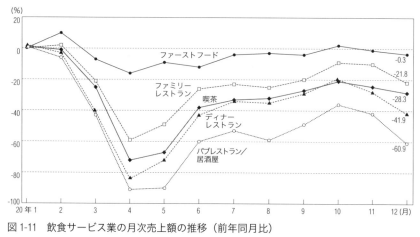

図 1-11　飲食サービス業の月次売上額の推移（前年同月比）

（出典：一般社団法人日本フードサービス協会「データから見る外食産業」）

の増加が予想され、さらなる小売店舗の減少に拍車がかかるだろう。中心部にある地方百貨店やショッピングセンターの閉鎖も更に進展するだろう。

　一方、飲食サービス業は街なかに残り、繁華街はその地域の文化を醸し出す空間として異彩を放ってきた。そこにコロナ禍である。飲食サービス業の月次売上額を見ると、コロナ前はインバウンド消費なども貢献して前年同月比を上回っている状況であったが、外出自粛期にファーストフード以外は大きく落ち込み、それ以降徐々に回復しているが、前年同月比2〜6割減となっている。現状は公的支援の効果も出ており、店舗数の減少は限定的であるが、再度の緊急事態宣言もあり、今後は特にパブレストラン、居酒屋の減少は避けられないだろう。

　アフターコロナ時代には、地方都市の中心部では商店街に加えて、繁華街の衰退が顕著となり、中心部の再生が更に大きな課題となる。小さな町でも商店街組合が複数乱立している状況にある。商店街組合を一本化するとともに、街なか商業サービス地区のビジョンを検討する必要がある。街なかに多く残る空き店舗や空き地を活用し、共同住宅、サービス付き高齢者住宅、有料老人ホーム、グループホームなどの誘導を積極的に図り、定住人口を増やすとともに、歴史文化資源や歴史的まちなみを活用した観光

表 1-5　現行法における住居専用地域における店舗の立地制限

建築物		第1種低層住居専用地域	第2種低層住居専用地域	第1種中高層住居専用地域	第2種中高層住居専用地域
店舗等	店舗等の床面積が150㎡以下のもの	×	日用品販売店舗、サービス業用店舗のみ、2階以下	左記に加えて、物品販売店舗、飲食店等のみ、2階以下	2階以下
工場・倉庫等	パン屋、米屋、豆腐屋、菓子屋、洋服屋、畳屋、建具屋、自転車店等で作業場の床面積が50㎡以下	×	2階以下	2階以下	○

まちづくりの推進が求められる。

　また、住区レベルでコンパクトな暮らしが実現できるように店舗の誘導を図ることも検討される。現行法では、住居専用地域では、小規模店舗でも立地が制限されている。アフターコロナ時代には、住宅地でも住居併用型のレストラン、小規模な小売店、工房などの立地を認めてもいいのではないか。

　地方都市においては、中心部に中層規模の商業業務施設を集積させなければいけないという発想を変えるべきである。暮らしやすく、訪れやすいまちへの転換が求められる。

⑸環境への負荷が少ないハイブリッド型工場の増加と厳しすぎる立地規制

　工場は騒音、振動、悪臭、水質汚濁、大気汚染の元凶とされ、長い間、都市計画では住工混在の解消、市街地縁辺部における工業地域や工業専用地域への移転集約化を図ってきた。グローバルな国際水平分業が進み、我が国の内陸部に立地する工場は危険性や環境悪化の懸念が少ないものに転換してきている。

　アフターコロナ時代には、IoT、ビックデータ、人工知能、ロボットを活用したスマート工場化が進み、さらに生産機能に加え、オフィス、研修、研究開発、物流、サービス機能を兼ね備えたハイブリッドな工場への転換が進むことが予想される。2016年に稼働した堀場製作所（株）びわこ工場「HORIBA BIWAKO E-HARBOR」（大津市）は、主力の自動車排ガス測

表1-6　現行法における住居系、商業系、工業系用途地域における工場の立地制限

建築物		第1種住居地域	第2種住居地域	準住居地域	近隣商業地域	商業地域	準工業地域	工業地域
工場・倉庫等	危険性や環境を悪化させるおそれが非常に少ない工場	作業場の床面積 50 m² 以下	作業場の床面積 50 m² 以下	作業場の床面積 50 m² 以下	作業場の床面積 150 m² 以下	作業場の床面積 150 m² 以下	○	○
	危険性や環境を悪化させるおそれが少ない工場	×	×	×	作業場の床面積 150 m² 以下	作業場の床面積 150 m² 以下	○	○

定装置などの営業・開発・設計・生産・サービスの一体機能を有した地上
10階建ての一見オフィスビルのような内外装である。2019年に稼働した
日清食品（株）関西工場（栗東市）は、最新鋭のロボット技術などを導入
してほぼ全工程の自動化を実現、従来に比べて50％以上の省人化を実現
した。スマートな外観を呈している。

　現行法では、住居系、商業系地域では危険性や環境を悪化させるおそれ
が少ない工場であっても立地規制が厳しい。高度成長期にあった公害を出
す工場のイメージでの発想ではないだろうか。アフターコロナ時代には、
グローバルサプライチェーンを見直し、国内生産回帰の動きも強まる。工
場の立地規制の見直しも検討される。

⑹食料自給促進を担う植物工場の立地規制

　スマート農業とはロボット技術やICTを活用して超省力・高品質生産
を実現する新たな農業である。自動走行トラクター、収穫ロボット、農業
用ドローン、植物工場、陸上・先端養殖、生産・流通プラットフォームな
どが実用化されている。大規模農業者の利用も進んでいるが、特筆される
のは民間企業がこうした先端技術を担いで参入を進めていることだ。

　コロナ禍においては一時海外からの農産物の輸入が止まり、家食が主流
となり、地域の企業に食物の重要性を再認識させた。工場がスマート工場
化していき省力化が進む中で、自社技術、余剰労働力、余剰施設の活用先
として、また新規事業として、農業生産に注目する企業が増えている。民
間企業が農業生産に新規参入する手法としてよく使われている技術は、ス

マート農業の中でも植物工場である。植物工場とは、閉鎖空間で内部の光や温湿度、CO_2濃度、養分・水分などをコントロールして植物を計画的に生育する栽培システムである。一般的には、施設園芸で自然光を用いて行う「太陽光利用型」と建物や工場の中でLEDなどの人工光を用いて行う「人工光型」の2種類がある。人工光型植物工場の技術は日本で生まれたもので、海外でも注目されている。

　植物工場においては、自然災害の影響が少なく、通年で安定的に生産可能で、その生産物は低農薬であり、今後ますます発展する可能性がある。露地栽培による農業の担い手が減少する中で、安定的な農産物確保の点からもその推進は重要となっている。太陽光利用型植物工場（トマト、パプリカ等が主体）については、近年大規模化が進んでいる。例えば、先行企業の代表者であるカゴメ（株）は全国で15ヶ所の大規模農園を有しており、その一つであるいわき小名浜菜園は10 haの規模を有し、35万株のトマトを200〜250人のスタッフで生産している。当初は実証規模から始まった人工光型植物工場（レタス等葉物が中心）も技術が安定し、近年は大規模化している。例えば、先駆的企業の（株）スプレッドは、亀岡市と木津川市にプラントを持ち、両者で日産約5万株のレタス類を生産し、全国約3600店舗のスーパー等に卸している。木津川市にあるプラント「テクノファームけいはんな」は敷地面積1万1550 m^2を有し、自動化技術を導入した最先端のプラントである。同社はパートナー企業とともに国内20拠点、日量50万株の生産を中期目標に掲げている。[26]

　農産物を生産する植物工場という用途は、建築基準法、都市計画法、農地法制定時には全く想定をしていないものであり、多くは民間企業が事業主体であることも影響して、規制改革会議で継続的に議論されているものの、位置づけが不明確な状態にある。現行法では、市街化区域内に立地する場合は「工場」に該当する。植物工場は、一般的に空調設備、潅水設備を有しているので、その多くはオフィス並みの空調機や小型ポンプ程度であり、騒音や振動の問題はほとんどないにも関わらず、「原動機を使用す

表1-7　現行法における住居系、商業系、工業系用途地域における工場の立地制限

建築物		該当する植物工場	田園居住地域	第1種住居地域	第2種住居地域	準住居地域	近隣商業地域	商業地域	準工業地域	工業地域
工場・倉庫等	（原動機を使用しない）工場		○	○	○	○	○	○	○	○
	原動機を使用する工場 50〜150㎡		○	×	×	×	○	○	○	○
	150㎡以上	一般的な植物工場	○	×	×	×	×	×	○	○

表1-8　植物工場の開発許可の運用基準（相模原市の例）

> 　都市計画法第34条第4号に規定する農業の用に供する建築物のうち植物工場を建築する目的で行う開発行為の運用基準は、申請の内容が次の各項に適合するものであること。
> 1　申請する施設は、農業振興地域の整備に関する法律第3条第4号の農業用施設のうち、閉鎖された空間において、生育環境を制御して農産物を安定的に生産する施設（ただし、主に太陽光を利用して農産物を生産する施設は除く。以下「施設」という。）であると、農政事務主管課が認めたものであること。
> 2　施設の設置運営は、申請者が行うこと。
> 3　申請する敷地（以下「敷地」という。）は、申請者が所有する土地であること。ただし、相当期間の借地権が設定された借地（借地借家法第2条第1号の借地権で、同法第23条第2項に定める契約（概ね20年以上の事業用定期借地権設定契約））を行うことが確実である場合は、この限りでない。
> 4　敷地が農地の場合は、農地法に基づく農地転用の許可が受けられること。
> 5　敷地が農業振興地域の整備に関する法律に基づく農用地区域内に存在する場合は、農業用施設用地への用途変更ができること。
> 6　開発事業区域の面積は、5000平方メートル未満であること。
> 7　施設の高さは、10メートルを超えないこと。
> 8　管理室等を設ける場合は、施設内に設けるものとし、従業員等の雇用状況等を勘案し最低限必要な範囲のもので、その用途は、管理（事務・機械）室、休憩室、便所、更衣室、シャワー室であること。
> 9　施設の排水施設は、既設の下水道に接続することが可能であること。
> 10　敷地は、主たる前面道路（車道幅員が6メートル以上の道路）に1ヶ所で敷地外周の7分の1以上接しており、当該箇所が施設の主要な出入り口であること。　　　　　（一部略）

（出典：相模原市（平成30年4月1日施行）「植物工場の開発許可の運用基準」）

る工場」として取り扱われる。市街化区域内においては、建築面積の小さい人工光型植物工場（150㎡以上）が一般的であるが、建設できる場所は限定される。[27]

　植物工場の目的は農産物の生産、すなわち農業の一形態であると思うが、市街化調整区域、都市計画区域外の場合、さらに厄介である。建築物を伴

う開発行為であるため、市街化調整区域の場合は、都市計画法第34条第4号に規定する農業の用に供する建築物として開発許可を要する。農地を活用する場合は、農業用施設として事前に農地転用許可を受ける必要がある。植物工場の認知がまだ十分でないため、自治体で開発基準を明確に示している例は少ないが、相模原市の事例を見ると、面積要件は5000 m²未満としており、大型の太陽光利用型植物工場は認められない可能性が高い。一般的に、既存農業者に配慮してか、植物工場の立地基準は抑制的である。

⑺自然地域への滞在施設の立地ニーズ

　アフターコロナ時代には、密を避けて、農村・自然地域で滞在しながら、仕事と余暇を両立させるワーケーションと呼ばれるようなライフスタイルも増えていくだろう。滞在施設には、ホテル、旅館、コンドミニアム（キッチン付き滞在型ホテル）、農家民宿、民泊などが該当する。

　市街化調整区域には農村地域、自然地域を含んでいるが、都市計画法第34条第4号に規定する観光資源等の有効利用上必要な施設として滞在型施設は開発許可の対象となるものの建築可能である。2016年12月に、開発許可制度の運用方針の一部改正があり、現に存在する古民家等を宿泊施設や飲食店等に用途変更することが可能となった。住宅宿泊事業（民泊）も家主居住型の場合可能である。非線引き都市計画区域、都市計画区域以外（自然環境保全地域、自然公園地域を除く）での1000 m²未満の滞在型施設の開発許可は不要で自由に建築可能である。農村景観を背景にした小規模な農村ホテルの整備が期待される。

　今後インバウンドの誘客も含めて、国立公園、国定公園における滞在施設の質的向上が期待される。これまでは自然環境保全の見地から、利用が可能である第2種特別地域内において集団施設地区を定め、宿泊施設や土産物店などの集約を図ってきた。アフターコロナ時代の観光滞在客は個人の小グループが主流になる。従来の団体利用を想定した大規模なホテルや旅館は顧客のニーズに合わず、経営不振や閉鎖が進むだろう。コロナ前か

らその兆候は出ており、各地で放置された施設も目に付く。今後は、自然の中に溶け込んだような小規模な滞在施設が好まれるだろう。集団施設地区における廃屋の撤去と質的改善とともに、分散型での滞在施設の誘導も検討される。

5　地方都市の受入れ基盤を迅速に整える必要性

アフターコロナ時代の国土の機能再編の方向性と課題を述べたが、国土の機能再編により東京から地方への人口分散が起きる可能性がある。2015年度から始まった地方創生政策は5年間に渡る1期が終わったが、人口の東京一極集中には全く歯止めがかからず、むしろより集中する状況になっていた。

しかしながら、コロナ禍によりその動きに変化がみられる。東京都の人口転出入の推移を見ると、2020年4月以降転入者が昨年より減少しており、7月以降転出増が続き、既に12月までの6ヶ月間で2.2万人の純減を記録した。転出の多くは現状では埼玉県、千葉県などの郊外である。地方においては東京勤務を希望する若年就職希望者は減少しており、大都市においては地方への移住希望者が増加している。東京からの転出増は長く続くトレンドになる可能性がある。

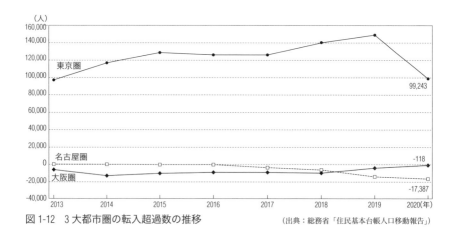

図 1-12　3大都市圏の転入超過数の推移　　　　　（出典：総務省「住民基本台帳人口移動報告」）

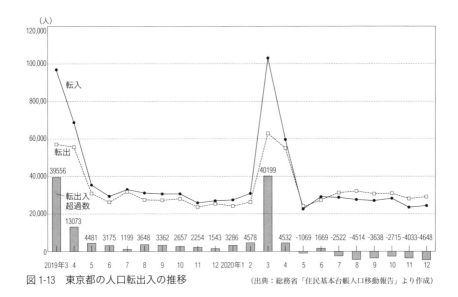

図 1-13　東京都の人口転出入の推移　　　　（出典：総務省「住民基本台帳人口移動報告」より作成）

　この流れを大きくするためには、受け皿となる地方部の自治体や地方企業の努力が求められる。既に、いくつかの自治体ではオフィス、スマート工場、植物工場、滞在施設などの立地支援制度の検討、誘致活動を始めているが、前述したように現行法では位置づけもされていなかったり、立地に制約もあり、調整に時間がかかるものも多い。

　アフターコロナ時代に、国土をバランスよく発展させるために、小手先の対応でなく、現行法を抜本的に見直す時期に来たのではないだろうか。

注
1　石弘之（2018）『感染症の世界史』角川文庫
2　2020 年 1 月 9 日、中国国営テレビ（CCTV）で武漢で発生した原因不明の肺炎について「新型コロナウイルス」が検出されたと報じた。武漢市が初めて感染者を確認したのは 2019 年 12 月 8 日であると言われている。
3　新型コロナウイルスの感染拡大により壊滅的な経営状況に陥っている観光・運輸業、飲食業、イベント・エンターテイメント業の業種について、「救済・支援」「地域活性化」「需要喚起」を目的に、国の予算約 1.7 兆円で支援する制度。GoTo トラベル（7 月〜）、GoTo イート（10 月〜）、GoTo イベント、GoTo 商店街の 4 キャンペーンで構成。旅行代金や飲食費の一部を国が負担するため、通常より割安な金額で旅行や飲食店利用をできるようになる。
4　2020 年 9 月 19 日から大規模イベントの入場制限が緩和された。

5 欧米では一般的な人事制度で、ジョブディスクリプション（職務記述書）に基づき、あらかじめ仕事の内容、目標、権限、報酬などを明確にした上で、会社と個人が雇用契約を結び、人材を採用、配置、評価する人事制度。

6 富士通（株）PRESS RELEASE　2020 年 7 月 6 日

7 キリンホールディングス（株）プレスリリース　2020 年 9 月 1 日

8 パソナグループ　プレスリリース　2020 年 9 月 1 日

9 「ワーク」と「バケーション」を組み合わせた造語で、地方など普段とは異なる場所で、仕事と休暇を融合させた新しいワークスタイル

10 岐阜県企業誘致課ヒアリング

11 矢作弘・阿部大輔・服部圭郎他（2020）『コロナで都市は変わるか——欧米からの報告』学芸出版社、131 〜 132 頁

12 2020 年 5 月 12 日の決算説明会での発言。2021 年 3 月期の営業利益は、前の期と比べ 8 割減の 5000 億円に落ち込むという厳しい見通しを示した。なお、その後急速に売上は回復し業績予想を上方修正した。

13 産業構造審議会（2017）「新産業構造ビジョン」

15 「IoT ユースケースマップ」https://www.jmfrri.gr.jp/info/rri/435.html に多くの事例が紹介されている。

15 前三好市政策監横山喜一郎氏講演に基づく

16 ワーケーション自治体協議会公式 Facebook ページ

17 日本経済新聞 2020/8/25

18 （株）アドレス　ニュースリリース　2020 年 12 月 4 日、他

19 民泊制度ポータルサイト

20 マイナンバーカードを取得し、カードでマイナポイントの利用手続きをした人を対象に、選択したキャッシュレス決済サービスでの買い物に使えるポイント（上限 5000 円分）を国が付与する事業で、消費活性化、マイナンバーカードの普及促進、官民キャッシュレス決済基盤の構築を目的としている。

21 厚生労働省（2020.4）「新型コロナウイルス感染症の拡大に際しての電話や情報通信機器を用いた診療等の時限的・特例的な取り扱いについて」

22 Global and Innovation Gateway for All

23 国土交通省都市局（2018）「スマートシティの実現に向けて」

24 国際戦略総合特別区域の一つとして 2011 年に国の指定を受けた。アジア地域の業務統括拠点や研究開発拠点のより一層の集積を目指し、東京の中心部に設けた 6 つのエリアで外国企業誘致プロジェクトを進めている。税制優遇、規制緩和や財政・金融支援のメニューを用意している。

25 都心 5 区／千代田・中央・港・新宿・渋谷区

26 （株）スプレッド　ニュースリリース　2020 年 12 月 9 日

27 鉄道会社が住居地域内で高架下を利用した植物工場が建築基準法第 48 条の特例許可で認められた事例がある。

第2章
地方で生じているさまざまな危機

　前章でアフターコロナ時代の都市のメガ潮流を受けての国土の機能再編の胎動を述べたが、そもそも国土を適正に維持するにあたって、地方でさまざまな危機が生じている。それも含めて、アフターコロナ時代に直面する都市の構造変化に適切に対応しなければならない。本章では、地方で生じているさまざまな危機に目を向けることとする。コロナ禍はその危機を浮き彫りにしたとも言える。

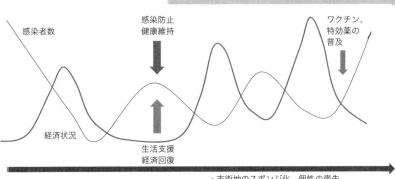

図 2-1　アフターコロナ時代の都市の構造変化

1 都市のスポンジ化と個性の喪失

　我が国の人口は 2008 年に 1.28 億人でピークを迎え、その後人口減少に転じている。明治維新以降、第 2 次世界大戦中を除き人口が減少するのは初めてのことで、このまま推移すると 80 年後の 2100 年には半減し約 6000 万人となり、90 年前の 1930 年の人口に後戻りする。[1] 90 年前と大きく異なるのは、人口の約 4 割が 65 歳以上の高齢者ということである。現在、地方創生の掛け声の下で、国をあげて人口維持対策を行っているが、出生率が大きく改善しない限り、人口が減少するのは免れない。

　我が国全体の人口減少は、これまで順調に増加してきた都市の人口にも影響を及ぼす。都市を示す指標として人口集中地区（DID）[2] がある。これまでは都市に人口が集中してきたが、その伸びは緩やかになり、2015 年には北海道、中部、近畿、四国地方では DID 人口が減少に転じた。関東地方だけが都市への集中を継続している。今後、都市への人口集中も止まることになろう。

　とりわけ地方都市の中心市街地が人口減少、高齢化の影響を大きく受けている。商業機能の衰退が顕著である。郊外型商業施設が隆盛し、中心市街地における百貨店や量販施設の縮小、撤退が継続している。一方で、鉄道駅周辺などの交通至便な地では商業施設に代わって中高層マンションの

表 2-1　地方別人口集中地区（DID）人口（万人）

地　　方	1960 年	1970 年	1980 年	1990 年	2000 年	2010 年	2015 年
北海道	212	297	366	393	413	408	405
東　北	229	279	353	389	415	411	418
関　東	1,408	2,042	2,611	3,007	3,209	3,450	3,515
中　部	634	818	1,043	1,173	1,262	1,303	1,303
近　畿	870	1,259	1,500	1,601	1,660	1,692	1,688
中　国	205	267	322	358	374	379	380
四　国	104	123	148	163	168	165	162
九州 沖縄	421	514	649	730	780	805	816
DID 合計	4,083	5,600	6,993	7,815	8,281	8,612	8,687

（国勢調査より作成）

整備が進み、周辺からの人口流入の受け皿となっている。都市の中心部に商業地域や高度地区を指定し、商業業務施設を誘導するという都市計画の基本思想が崩れつつある。

　都市のスポンジ化とは、特に地方都市の中心市街地において、人口減少や店舗の閉鎖により、空き地、空き家が散発的に発生している状況をいう。空き地の多くが所有者不明土地[3] でもある。所有者不明土地は子どもなどの相続人がいない場合、相続人が決まらなかった場合、相続人が登記簿の名義を変更していない場合などに発生する。地方都市においては、経済的メリットがあまりないため登記をせずに放置している場合が多い。相続人の相続人になるとその土地を訪れたことさえない場合も多い。

　地方都市の歴史的まちなみの喪失も深刻である。密集地域の解消、良好な都市環境の形成という目的で多くの町家が取り壊され、建替えが進んだ。相続時に将来の土地の処分を容易にするために更地にする例も多い。町家はその都市の個性を体現する歴史的まちなみの重要な構成要素である。歴史的まちなみが失われていく理由として都市計画制度に起因することも多い。第一に、都市計画制度には、木造家屋の歴史的価値を認める「古民

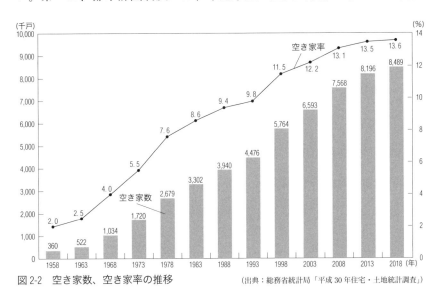

図 2-2　空き家数、空き家率の推移　　　　　（出典：総務省統計局「平成 30 年住宅・土地統計調査」）

家」や「町家」というような定義がない。歴史的まちなみを保全するためには、文化財保護法に基づく「重要伝統的建造物群保存地区」か景観法に基づく「景観地区」や「景観重要建築物」の指定をしなければならない。前者は相応の調査や住民の合意形成が求められ、適用は簡単ではない。後者については、景観計画を定めている市町村は604団体（2020年3月末現在）に留まっている。第二に、用途地域においては高度利用を促すために、現状より大きな容積率を定めている場合がほとんどである。地権者にとっては改築してより大きな床面積を求める意識が働く。また、空き家は火災の危険性もあり、空き地にして売却を容易にしておく意識も働く。第三に、土地区画整理事業などの市街地開発事業を促すために多くの補助金等が用意されている。防火や防災の点からも木造家屋を取り壊し、面的に市街地を改造する選択をする例は多い。

　こうした理由などから、どの都市にも旧街道が通り、歴史的まちなみが残っていたはずであるが、戦災に加え、高度成長期、バブル経済期を通じて、古民家や町家は次々と更新され、耐火建築物に代わってしまった。歴史的まちなみは都市の個性を色濃く反映するものである。[4]

　都市のスポンジ化、町家の喪失により、我が国の多くの地方都市の中心市街地で、シャッター商店街が連なり、商店街の裏側は駐車場が散在している情景が当たり前になった。再開の目途がないまま長い間取り残されているショッピングセンターも目に付く。今後、生活の質の向上、外国人観光客の誘客を図る上で、解決しなければならない課題である。

2　農業の衰退と農村の変容

　農業産出額は近年やや持ち直しているものの長期的に減少傾向にある。ピークであった1984年の11.7兆円から2018年は9.1兆円と23%減少した。

　戦後の農地改革は、地主制の解体によって、農民の貧困からの解放と食糧の増産をめざしたもので、1947〜50年に実施された。①地主の小作地保有面積は都府県で1町歩[5]、北海道で4町歩を上限、不在地主の小作地

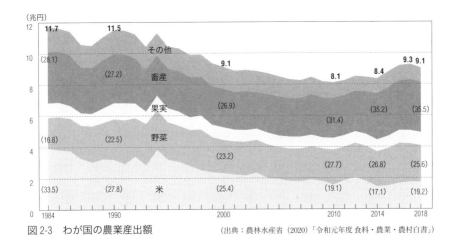

（兆円）

図 2-3　わが国の農業産出額　　　　　（出典：農林水産省（2020）「令和元年度 食料・農業・農村白書」）

保有は認めない、②自作農の農地保有面積は都府県で3町歩、北海道で12町歩を上限、③以上の限度を超える農地は政府が強制買収し、小作者に販売、というのが主な内容だった。

　最終的に、193万町歩の農地が、延べ237万人の地主から買収され、延べ475万人の小作人に売り渡された。自作農は1945年の31％から1950年には62％に増加した。全国各地で家族を基本単位とする自作農による農地の拡大、生産性の向上が図られた。[6]

　長い間、家族農業が主体であったが、農地改革から70年が経過し、当時の世帯主のほとんどは他界し、第2世代の多くも70代となり、零細な家族農業は崩壊の際に立っている。図2-4に示すように、2020年の農業センサスによると、耕作面積5ha未満の農業経営体数は2005年からほぼ半減する一方で、10ha以上の農業経営体数は2割以上増加した。100ha以上の大規模経営体は2倍以上になった。

　この結果、我が国の農地に対する大規模経営体の占める割合は高まっている。2015年には農業経営体の耕地面積の割合は、5ha未満が42％、10ha以上が46％と初めて逆転し、2020年にはそれぞれ34％、56％と差が開いた。農業経営の中心は大規模経営体に移行すると同時に、家族農業

は経営から撤退し始めている。2015年には全国農家数のなんと約63％が土地持ち非農家及び自給的農家[7]となっている。2/3の農家が農村部に住み、農地を持っていながら農業に従事していないのだ。

　こうして、本来は住居と農地が一体である農村コミュニティでは非農家との混住が進んでいる。農業地域における農家率は約2割にすぎない。[8]

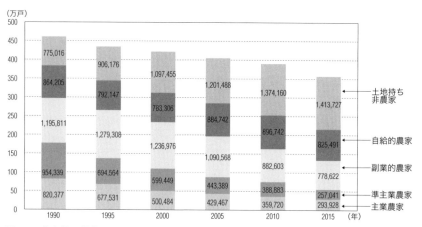

全　国	2005	2010	2015	2020
1ha 未満	1,150,656	932,674	741,363	566,245
1～5ha	765,049	644,680	530,890	405,800
5～10ha	50,631	52,188	52,229	48,371
10～30ha	29,815	33,479	35,688	36,629
30～50ha	7,468	8,986	9,385	10,121
50～100ha	4,897	5,857	6,121	6,556
100ha 以上	864	1,220	1,590	1,959
計	2,009,380	1,679,084	1,377,266	1,075,681

図 2-4　農業経営体の大規模化の進展（2005 年→ 2020 年経営体数の増加割合）

（出典：各年農林業センサス「農林業経営体調査報告書−総括編−農業経営体」より作成）

図 2-5　農家数の推移　　（出典：各年農林業センサス「農林業経営体調査報告書−総括編−総農家等」より作成）

つまり約8割の住民が農業をやめた者や都市部へ通勤している勤労者であるということである。当然ながら、農地や農地を維持するためのインフラの管理に影響を及ぼしている。

　農地の減少と耕作放棄地の増加も危機的である。1960年に607万haあった作付面積は2019年には約3割減の440万haになった。最近では年2〜3万haずつ作付面積が減少している。

　耕作放棄地とは、以前耕作していた土地で、過去1年以上作物を作付けせず、この数年の間に再び作付けする考えのない土地である。2015年現在で、全国で42万ha（富山県全体の面積に匹敵）に達している。中山間地などでの増加が顕著であるが、厄介なのは、優良農地の中にも飛び地で発生していることだ。国はその解消のために、農業委員会による調査や指

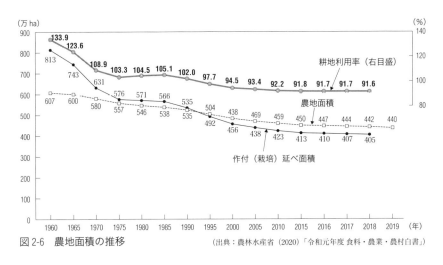

図2-6　農地面積の推移

（出典：農林水産省（2020）「令和元年度 食料・農業・農村白書」）

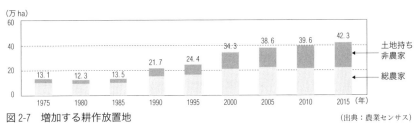

図2-7　増加する耕作放置地

（出典：農業センサス）

導を強めるとともに、後述する農地中間管理機構の活用を促す取組をしている。

　家族農業の衰退、大規模経営体の伸長と相まって、全国で民間企業の農業参入が相次いでいる。その背景としては、2009 年の農地法改正によりリース方式による参入の全面自由化、2016 年の農地法改正による民間企業の保有できる議決権が総議決権の 1/4 未満から 1/2 未満へ緩和されたこと等がある。それにより、民間企業の農業参入件数は、2008 年の 311件から 2018 年には 3286 件と増加した。大手企業も次々に参入しており、民間企業の農業への参入意欲は引き続き活発である。

　新規就農者は限定的である。農業高校数は 2018 年度に 303 校、生徒数は 7 万 9616 人いる [9] が、ほとんどが農業生産者以外の職業に就いている。新規就農者は毎年約 5 万人程度に留まっており、定年帰農がほとんどである。

　農業の担い手が減少、高齢化する中で、今後は、大規模経営体や民間企

表 2-2　大手企業の農業参入事例

業種	主な企業名	生産品目	業種	主な企業名	生産品目
流通	イトーヨーカドー イオン 平和堂 神戸物産 ローソン 大黒天物産 いなげや フジ バロー	野菜 野菜 葉物 野菜 野菜 野菜 野菜、しいたけ 野菜、果実 しめじ	その他製造	日清紡 東洋紡 コロナ 住友化学 エアウォーター JFE パナソニック	イチゴ トマト、パプリカ 米 野菜、果樹 トマト レタス等 レタス
外食	ワタミ サイゼリア 大戸屋 モスフードサービス モンテローザ フジオフードシステム エーピーカンパニー	野菜 レタス、トマト等 葉物 トマト 野菜 野菜 鶏	サービス	パソナ JR 九州 近鉄 阪神阪急 奈良交通 中日本高速 セコム	野菜 ニラ、トマト、卵 野菜 葉物 レタス等 野菜 ハーブ
食品製造	カゴメ キューピー エスビー食品 カルビー 金印 キューサイ フジッコ	トマト レタス等 ハーブ ジャガイモ わさび ケール 野菜	建設	ダイワハウス 九電工 東急建設	レタス オリーブ パプリカ
			商社	豊田通商 双日	パプリカ トマト、野菜
			金融	野村証券 三井住友銀行 鹿児島銀行 オリックス	トマト、野菜 米 玉ねぎ 葉物類

（各種データより作成）

業が経営しやすい環境形成、農地の集約化を進める必要がある。安倍政権下で農業の成長産業化に向けて多くの制度改革も進んだが、いよいよ農地制度にも抜本的にメスを入れる必要があるのではないだろうか。

3 森林の荒廃

我が国の森林面積は約 25 km^2 と国土面積の 66 ％を占めている。かつては林業が盛んで中山間地にも多くの集落が存在し多くの人口を抱えていたが、林業が衰退するにつれて人口流出が激しくなり、森林の維持管理にも支障が生ずる状況が続いている。

2020 年農業センサスで所有者別にみると、私有林が 55 ％と多くを占めている。私有林においては、保有山林面積が 10 ha 未満の林家[10]（林業経営を行っていない所有者）が 88 ％（2015 年農業センサス）、10 ha 未満の林業経営体が 47 ％（2020 年農業センサス）に上るなど多くが小規模・零細な所有構造となっている。特に、小規模な林家や林業経営体において、管理を行っていないものも多く見られる。一例であるが、埼玉県飯能市の森林所有者意向調査結果[11]によると、全く管理を行っていないと回答した者が 53 ％に上っている。

我が国の森林面積の約 4 割に相当する 1020 万 ha は人工林で、終戦直

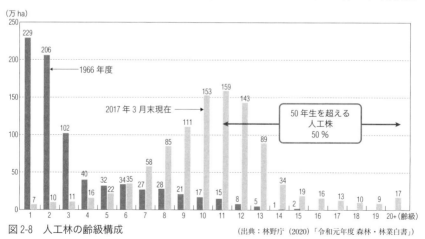

図 2-8　人工林の齢級構成

（出典：林野庁（2020）「令和元年度 森林・林業白書」）

後や高度経済成長期に伐採跡地に造林されたものが多くを占めており、その半数が一般的な主伐期である50年生を超え、本格的な利用期を迎えている。我が国の森林蓄積は毎年増加しており、世界的に見ても人工林面積は上位になっている。

伐採期を迎えている森林であるが、住宅用材の需要低迷、外国産材の浸透などにより、林業産出額は低迷している。それは林業の担い手の減少を伴っている。林業従事者数は、林業算出額がピークであった1980年の14.6万人から2015年には4.5万人と大きく減少している。

林業生産の低迷は、所有者不明森林の増加と境界不明な森林の多さも起因している。2017年度に地籍調査を実施した地区における土地の所有者等について国土交通省が集計した調査結果によると、不動産登記簿により所有者の所在が判明しなかった林地の割合は筆数ベースで林地全体の28％を超えているとのことである。[12] また、森林の所在する市町村に居住していない、事業所を置いていない者の所有する森林が私有林面積の約1/4を占めている。[13] 相続により森林を譲り受けても価値がないため管理もせずに放置しがちであり、世代が変わるともはや手がつけられなくなる。国土交通省「全国の地籍調査の実施状況」によると、2019年度末時点での地籍調査の進捗状況は林地では45％にとどまっている。

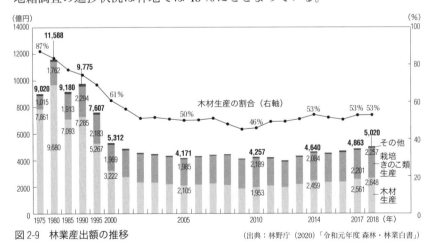

図 2-9　林業産出額の推移　　　　　　　　（出典：林野庁（2020）「令和元年度 森林・林業白書」）

所在者や境界が不明であると、当然のことながら森林の整備、施業の集約化が進まない。人工林は山奥にも多く存在し、林道がないために管理の手も入らない。放置山林は根付きも悪く、集中豪雨によって土石流とともに流れ落ち、下流に大きな被害を及ぼすこととなる。後述するように、林業の成長産業化を目指して各種制度改革が進められているが、市町村としても真剣に森林の管理、活用を考えなければならない。

4　繰り返す自然災害

　世界の年平均気温は、変動を繰り返しながら上昇しており、上昇率は100年あたり0.73℃である。日本の年平均気温は、100年あたり1.24℃上昇している。[14)]

　地球温暖化はさまざまな異常気象の原因とされており、近年、我が国では集中豪雨が多発している。

　集中豪雨は土砂災害や洪水をもたらす。近年その発生件数が増加しており、2018年には過去最大の3459件となり、各地に甚大な被害を及ぼした。2020年もコロナ禍において、7月に九州地方で度重なる集中豪雨が発生し、球磨川が数ヶ所で決壊し、多くの被害を受けた。避難、救援、復旧活動には感染予防対策が必要で、新たな対応が求められた。

　繰り返される自然災害に対して、災害危険性が高い地域における開発規制や居住制限、防災対応などの強力な措置が求められるのではないだろうか。

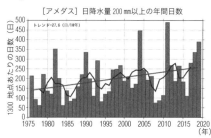
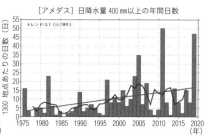

図 2-10　日降水量 200mm 以上及び 400mm 以上の年間日数の経年変化（1976〜2019 年）

（出典：気象庁（2020）「気候変動監視レポート 2019」）

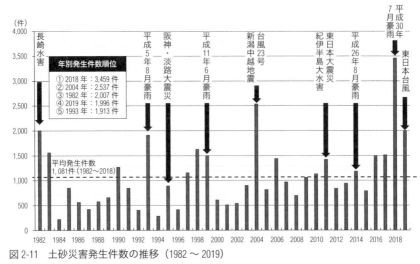

図 2-11　土砂災害発生件数の推移（1982 〜 2019）

（出典：国土交通省砂防部（2020）「令和元年の土砂災害」）

5　小規模自治体の存在と進まない広域連携

　1999 年以降、国が主導し、いわゆる平成の大合併と言われる市町村合併が進んだ。市になると福祉事務所の設置が可能となり、人口 20 万人で特例市、人口 30 万人で中核市になる要件を得られ、さまざまな事務権限が委譲されることになる。

　市町村数は 3232（1999. 3. 31）から 1718（市 792、町 743、村 183）（2020. 4. 1）へと大きく減少した。1999 年と市町村合併が進展した後の 2010 年との比較でみると、1 自治体の規模は、全国平均で、人口は 3 万 6387 人から 6 万 8947 人、面積は 114.8 km^2 から 215.0 km^2 へと増加した。[15]　合併市町では土木・建築技師、栄養士などの専門職員の充実が図られた。

　しかしながら、合併を選択しなかった自治体も多く、2020 年現在で人口 3 万人未満の市町村は 977 に上る。今後の人口減少社会ではほとんどの自治体で人口減少が進むが、特に小規模自治体で減少が加速する。[16]　市町村合併についてはこれ以上進展する状況にはなく、人口減少、自治体の財政健全化やサービスの向上に対応するため、市町村が広域で連携して行政

表 2-3 市町村の権限の主な違い

	政令指定都市	中核市	特例市	市
人口要件	人口 50 万以上の市のうちから政令で指定	人口 20 万以上の市の申出に基づき政令で指定	人口 20 万以上の市の申出に基づき政令で指定	人口 5 万以上
権限の主な違い	○同右 ○福祉 ・児童相談所の設置 ○教育 ・県費負担教職員の任免、給与の決定 ○都市計画等 ・区域区分に関する都市計画決定 ・指定区間外の国道、県道の管理 ・指定区間の一級河川（一部）、二級河川（一部）の管理 ※ほぼ道府県と同様な権限を有する。	○同右 ○保健衛生 ・保健所の設置 ・飲食店営業等の許可 ・旅館業・公衆浴場の経営許可 ○福祉 ・保育所の設置の認可、監督 ・養護老人ホームの設置の認可、監督 ・介護サービス事業者の指定 ○教育 ・県費負担教職員の研修 ○都市計画等 ・屋外広告物の条例による設置制限 ○環境保全 ・一般廃棄物処理施設、産業廃棄物処理施設の設置の許可	○都市計画等 ・市街化区域又は市街化調整区域内の開発行為の許可 ・土地区画整理組合の設立の認可 ○環境保全 ・一般粉じん発生施設の設置の届出の受理 ・汚水又は廃液を排出する特定施設の設置の届出の受理 ○その他 ・計量法に基づく勧告、定期検査	○福祉 ・福祉事務所の設置

表 2-4 人口規模別市町村数の推移

人口規模	1999	2010	2015	1999/2015 増減率
50 万人以上	21	27	29	138%
30 〜 50 万人	43	45	43	100%
20 〜 30 万人	41	41	37	90%
10 〜 20 万人	115	154	152	132%
5 〜 10 万人	227	278	261	115%
3 〜 5 万人	262	259	243	93%
1 〜 3 万人	986	467	443	45%
〜 1 万人	1,537	459	511	33%
	3,232	1,730	1,719	53%

（国勢調査より作成）

サービスを提供する試みが各地で進んでいる。従来からの法人格を有する一部事務組合や広域連合の取組みに加えて、総務省では、3 大都市圏以外の地域について、人口 5 万人規模の都市を中心市とする「定住自立圏」と、指定都市・中核市を中心市とする「連携中枢都市圏」の形成を支援している。しかしながら、定住自立圏を形成済みの圏域は 128 圏域、535 市（2020 年 10 月現在）、連携中枢都市圏を形成済みの圏域は 34 圏域、325 市

（2020年4月現在）とまだまだ少なく、連携の取組も個別分野が多い。

　第32回地方制度審議会が2020年6月に公表した「2040年頃から逆算し顕在化する諸課題に対応するために必要な地方行政体制のあり方等に関する答申（案）」では、「市町村においては、他の地方公共団体と連携し、住民の生活機能の確保、地域の活性化・経済成長、災害への対応、地域社会を支える次世代の人材の育成、さらには、森林や農地の保全、持続可能な都市構造への転換、技術やデータを活用した都市・地域のスマート化の実現などのまちづくり等に広域的に取り組んでいくことが必要である。」として、定住自立圏・連携中枢都市圏等を活用した広域連携の重要性を述べている。

　市町村は、それぞれ首長と議会を有し、連携の意思決定は簡単ではないが、小規模自治体の特性を活かしつつ広域連携する方策を検討する必要がある。

注
1　国立社会保障・人口問題研究所「日本の将来推計人口（平成29年推計）」長期参考推計：出生中位（死亡中位）推計
2　人口密度が40人／ha以上の国勢調査基本単位区が互いに隣接して人口が5000人以上となる地区。
3　一般財団法人国土計画協会に設置された「所有者不明土地問題研究会」（座長：増田寛也東大客員教授（当時））は、2017年12月に「最終報告」を公表し、2016年現在で所有者不明土地は全国に約410万ha存在し、2040年には北海道に匹敵する約720万haに増加すると推計した。その後、2019年6月に「所有者不明土地の利用の円滑化等に関する特別措置法（所有者不明土地法）」が施行された。①利用を検討している者が登記簿等の公的書類を調査することを合理化、②公共事業や地域福利増進事業（広場、直売所等）に所有者不明土地を円滑に利用できる仕組みの創設等を通じて、所有者不明土地の利用の促進を図ることを目指している。
4　国土交通省と文化庁が連携し、2008（平成20）年11月に「地域における歴史的風致の維持及び向上に関する法律（歴史まちづくり法）」が施行された。歴史上価値の高い建造物、周辺市街地、地域における固有の歴史・伝統を反映した人々の活動（祭りなど）が一体となって形成してきた良好な市街地の環境を維持、向上するためのまちづくりを国が支援しようとするものである。市町村が「歴史的風致維持向上計画」（歴史まちづくり計画）を策定し、国が認定し、規制緩和、権限移譲、さまざまな補助事業等の支援が受けられる。しかしながら、2020年3月末現在で、歴史的風致維持向上計画認定都市数は81都市に留まっている。
5　1町歩は9917㎡、約1ha。
6　仙北富志和（2004）「戦後我が国の農業・食料構造の変遷過程〜農業近代化のアウトライン〜」
7　自給的農家とは、経営耕地面積30a未満かつ農産物販売金額が50万円未満の農家をいう。
8　「社会情勢の変化を踏まえた 次世代の農業・農村の構築について」平成30年度食料・農業・農村政策審議会農業農村振興整備部会報告

9　文部科学省「高等学校学科別生徒数・学校数」に基づく。

10　林家：保有山林面積が 1 ha 以上の世帯。林業経営体：①保有山林面積が 3 ha 以上かつ過去 5 年間に林業作業を行うか森林経営計画又は森林施業計画を作成している、②委託を受けて育林を行っている、③委託や立木の購入により過去 1 年間に 200㎡以上の素材生産を行っている、のいずれかに該当する者。

11　飯能市（2019）「森林所有者意向調査の実施結果（速報）について」（2018 年調査）市内に森林を所有する 2440 名から回答を得た。

12　国土交通省「国土審議会土地政策分科会企画部会国土調査のあり方に関する検討小委員会第 8 回資料」

13　農林水産省「2005 年農林業センサス」

14　気象庁（2020）「気候変動監視レポート 2019」

15　総務省（2010）「「平成の合併」について」

16　国土交通省（2018）「近年の人口動向について」によると、2015 年の国勢調査人口をベースにした 2050 年の人口推計結果では、全国平均の 19.8％減に対して、人口 1〜3 万人の自治体では 37.6% 減、人口 1 万人以下の自治体では 51.2％減となる。

第3章
アフターコロナ時代のニーズに
これまでの制度で対応できるのか

　地方で生じている危機を乗り越え、アフターコロナ時代に適切に都市や国土をマネジメントしていくために、果たしてこれまでの制度で対応できるのか考えてみたい。

1　土地に対する私権の強さ

　まず、都市の土地利用に大きな影響を与える土地制度についてふれておきたい。我が国における近代的土地所有権は欧米の制度を参考に明治時代に創設されたが、土地の利用の考えは欧米と大きく異なっている。

(1)近代的土地所有権の創設

　明治政府は、土地所有権の自由を認め、経済発展を図ることを基本的な考えとした。1872（明治5）年に土地の永代売買禁止[1]が解除され、どの身分でも土地を自由に取得できるようになった。1873（明治6）年には、「地租改正条例」が制定され、翌1874（明治7）年から地租改正に着手した。これにより、土地の所有者に地券を交付し、地租を毎年課税することとなった。地券は土地所有を示す証券であり、公益のために必要な土地収用の場には相当の保障がなされること、土地利用の仕方は自由であることが示され、近代的土地所有権が創設された。

　地券交付にあたっては、①土地調査、②所有者の確定、③地価の決定、④地券・地図・台帳の作成という作業を必要とした。①土地調査では、一筆ごとの土地に番号（地番）を付け、畑、田等の地目を決定し、各筆の面

積を測量した。②所有者の確定では、耕作人が所持人であるときは耕作者に地券を交付し、小作地では小作人にではなく、所持人に地券が交付された。質権の設定がある土地でも買入人を原則として一方だけに地券が与えられた。かくして「一地両主」[2] は認められなくなり、近代的土地所有権の単一性が確立された。③地価は、収穫と経費、地租を考慮して設定され、地券の所持人は地価の3％の地租を納税する義務を負った。④地券上には、地番、地目、地積、所有者、地価、地租額等を記載し、村は土地の特定のために、地図と地券台帳を備え付けた。[3]

　地租改正は、政府の税収の安定性を高めることになるとともに、土地の私的所有が認められたことで、農地の拡大や農地を売却して他の職業に就くなどの職業選択の自由度が高まった。

　1889（明治22）年に制定された大日本帝国憲法では、27条において所有権保障を明確にした。

大日本帝国憲法27条　日本臣民ハ其ノ所有権ヲ侵サルルコトナシ
二、公益ノ為必要ナル処分ハ法律ノ定ムル所ニ依ル

　民法は私法の一般法（総則、物権、債権、親族、相続）を定めた法律であり、総則、物権、債権編は1896（明治29）年、親族、相続編は1896（明治31）年に公布され、いずれも1896（明治31）年に施行された。所有権については、「所有者ハ……自由ニ其所有物ノ使用、収益及ヒ処分ヲ為ス権利ヲ有ス」と規定し、所有権に対して地上権、永小作権などの物権、質権、抵当権などの債権を規定し、土地の私的所有権の絶対性が確立したと言える。

　しかしながら、明治、大正期を通じて、地主への土地所有権の絶対性と小作人の耕作権の不安定性という関係に加え、富国強兵、殖産興業政策とたびたびの農業恐慌は、農村から零細自作農を都市部へ流出させ、小作人から地代を収受する寄生地主層[4] を増やすこととなった。1930年には農地の小作地率は50％近くを占めるようになった。[5] 寄生地主層は都市部で

も増大し、多くの借地、借家人を生んだ。

第2次世界大戦後に制定された日本国憲法と、前後して実施された農地改革は、現代に続く土地所有、利用の基礎となった。

日本国憲法は、1946（昭和21）年11月3日に公布され、1947（昭和22）年5月3日から公布された。財産権については、土地所有権の絶対性を保障するとともに、社会全体の利益に鑑みてその制約を加えている。

> 日本国憲法第二十九条　財産権は、これを侵してはならない。
> 2　財産権の内容は、公共の福祉に適合するやうに、法律でこれを定める。
> 3　私有財産は、正当な補償の下に、これを公共のために用ひることができる。

農地改革は、労働民主化、財閥解体とともに戦後改革の柱であり、農村における大土地所有地主層を解体し、多くの自作農を誕生させ、農民の貧困からの解放と食糧の増産をめざしたものである。1946（昭和21）年10月に「自作農創設特別措置法」と「農地調整法」が成立し、1952（昭和27）年10月までの短期間で実施された。同時に北海道やへき地に大規模入植を実施した。その結果、自作農は1945年の31％から1950年の62％に増加し、米は増収になった。それは、農家の二男、三男を都市部に向かわせることを可能にすることになった。

1949（昭和24）年10月21日に吉田首相あてに出されたマッカーサー書簡において、「農地改革の成果は日本の農村社会組織の永続的な一部とならなければならぬ。…農地改革に関する諸法規は何ものにもまげられぬ力を持たなければならぬ。」とあったことを契機に、農地改革の成果を恒久的に保全するため、1952（昭和27）年に農地法が制定された。[6] 旧農地法第1条に「農地はその耕作者みずからが所有することを最も適当であると認めて、耕作者の農地の取得を促進し、及びその権利を保護し、」[7] とあったように、農地耕作者主義を原則としていた。農地法は、自作農として

の意欲の向上、農業協同組合による組織化、機械化の進展による生産性の向上により戦後の食糧増産を支えた一方で、家族経営体としての農家が温存され、地主意識を高め、外部からの担い手の流入を阻み、農地の流動化、大規模化を阻んできたことは否めない。農地法はようやく2009年に改正され、民間企業等による農業参入を可能としたが、2020年現在でも、都府県における農業経営体の1経営体あたりの平均経営耕地面積は2.2 ha（北海道は30.6 ha）に留まっている。

　日本における土地利用を見ると、土地所有権の絶対性を尊重し、規制が緩く、スプロール的土地利用を許容しているように見えるが、土地所有権の絶対性は欧米でも保障されているにも関わらず欧米では厳密に土地利用規制が働いているように思える。一体この違いは何であろうか。

⑵土地の所有と利用に関する欧米との違い

　近代的土地所有権は、1789年8月26日にフランスの憲法制定国民議会がいわゆる「フランス人権宣言」を採択したことに始まる。その第17条に所有に関する規定「所有は不可侵で神聖な権利であるので、法的に示された公的必要性が明白にそれを要求する場合や、公正で優先的な保障の条件の下でなければ、何人も私的使用を奪われえない。」があった。この規定が多くの国において私的所有権ないし財産権の尊重を謳った規範として受け継がれている。

　この絶対的所有権の考え方はヨーロッパ大陸のフランス、ドイツで発展してきた。イギリスでは相対的所有権と言われるような考え方が発展し、アメリカに引き継がれている。絶対的所有権とは、土地所有権は絶対的にして侵されず、使用、収益、処分について自由が保障されるというものであるのに対し、相対的所有権は時間的制約など絶対性や自由性が限定されているものである。

　フランスやドイツで、排他的な私的な所有権の絶対性が確立されたのは、土地の利用を保護するため、すなわち、旧領主階級の恣意的な要求や干渉

に対して耕作の安全を保障するために農民に直接に排他的な権利を付与する必要があったためである。都市部においては、都市の基盤を形成している社会資本が何百年という長い年月をかけて投下され、土地と石造りの建造物は一体をなしており、土地を所有することは一体的に建築物を所有することとなり、所有と利用は不可分であった。農村部でも都市部でも利用が所有に優先しているのである。

　イギリスはフランスと同様に封建制の国であったが、封建制下で力をつけてきた農民や商工業者達が領主から土地を取得し、領主の支配を脱却して土地利用の私的自由を確保していった。領主は土地を永久かつ絶対的な方法で譲渡することはしないで、自己が基本的な土地所有権を有することを前提として、期間を限定して譲渡するという方法をとっていた。領主が持っていた自由な土地保有権としてのフリーホールドから時間的空間的な限定を加えて譲渡するリースホールドが生まれたのである。今日でも国王が最大の土地所有者であり、ほとんどの土地利用は99年のような長期のリースホールド契約で所有、利用されている。イギリスでも所有と利用は不可分である。

　翻って日本を見ると、排他的な所有権の観念は明治維新時に大陸から受け継いだものの、都市や農村の構造的な点もあり、利用のための所有権という考えは明確に伝えられず、絶対的な自由な所有権、建築の自由という考え方が強められていった。[8] 欧米の制度では私的所有権に対して公共の福祉が優先するとの観点から「原則規制、例外自由」が原則とされているのに対して、日本の制度では「財産権の不可侵」「所有権の絶対性」を理由に、「開発自由、例外規制」の理念に立脚しているのである。[9]

表3-1　不動産・土地所有権の概念

	日　本	アメリカ	イギリス	ドイツ	フランス
不動産の概念	土地と建物は別個の不動産	土地と建物は同一の不動産			
土地所有権の概念	絶対的所有権	相対的所有権		絶対的所有権	
土地所有権と利用の関係	所有優先	利用優先			

（各種資料より作成）

⑶公共の福祉の優先を掲げた「土地基本法」の制定

　土地利用計画は、「財産権の不可侵」に対して、「公共の福祉」を優先さ
せ、適切に土地利用をコントロールする取り組みである。後述するように、
線引き制度の導入に際して、市街化区域外に、一定期間、都市的開発を禁
止する「開発保留地域」や都市的開発を禁止する「保存区域」を設置する
議論もあったが、内閣法制局が憲法29条の財産権の尊重を理由に反対し
実現しなかったと言われており、長い間政府は公共の福祉の優先性を証明
することを避けてきた。

　しかしながら、1980年代後半地価の高騰が大都市部から全国に広がっ
たことを受けて、転売差益を得ようとする投機的な土地所有に歯止めをか
けるべく、1989（平成元）年12月に「土地基本法」が策定された。土地
基本法は、第2条において「公共の福祉の優先」、第3条において「適正
な利用」、「計画に従った利用」、第4条において「投機的取引の抑制」を
規定しており、欧米と同様に土地所有権の絶対性を前提としつつ公共の福
祉の優先、利用優先を掲げた画期的なものであった。しかしながら、土地
基本法はあくまでも理念や方向性を示した基本法であり、その後の地価低
下もあり、個別の建築や開発許可、農地転用、また国民の土地所有意識に
はほとんど効力を発揮できていないのが残念ながら現状である。本法で従
うべきとされた土地利用に関する計画（国土利用計画）についても、後述
するように抽象度が高く機能していない。

　土地基本法（1989年施行）は2020年4月に改正された。土地の価格が
下落し、利用意向が低下する中、所有者が分かっていても空き家、空き地
が増加し、所有者不明土地が増加し、約30年ぶりに改正されたのである。
その主な内容は、①国が土地の適正な利用・管理のための「土地基本方
針」の策定、②適正な管理に関する所有者、国、地方公共団体の責務の規
定である。所有者の責務として登記の明確化、境界の明確化、国、地方公
共団体の義務として地籍調査の円滑化・迅速化が盛り込まれた。

　第3条2項に「土地は、適正かつ合理的な土地の利用及び管理を図るた

土地基本法（平成元年十二月二十二日法律第八十四号）抜粋
（目的）
第一条　この法律は、土地についての基本理念を定め、並びに国、地方公共団体、事業者及び
　　国民の土地についての基本理念に係る責務を明らかにするとともに、土地に関する施策の基
　　本となる事項を定めることにより、適正な土地利用の確保を図りつつ正常な需給関係と適正
　　な地価の形成を図るための土地対策を総合的に推進し、もって国民生活の安定向上と国民経
　　済の健全な発展に寄与することを目的とする。
　（土地についての公共の福祉優先）
第二条　土地は、現在及び将来における国民のための限られた貴重な資源であること、国民の諸
　　活動にとって不可欠の基盤であること、その利用が他の土地の利用と密接な関係を有するも
　　のであること、その価値が主として人口及び産業の動向、土地利用の動向、社会資本の整備
　　状況その他の社会的経済的条件により変動するものであること等公共の利害に関係する特性
　　を有していることにかんがみ、**土地については、公共の福祉を優先させる**ものとする。
　（適正な利用及び計画に従った利用）
第三条　土地は、その所在する地域の自然的、社会的、経済的及び文化的諸条件に応じて適正に
　　利用されるものとする。
　**2　土地は、適正かつ合理的な土地利用を図るため策定された土地利用に関する計画に従っ
　　て利用されるものとする。**
　（投機的取引の抑制）
第四条　土地は、投機的取引の対象とされてはならない。
　（価値の増加に伴う利益に応じた適切な負担）
第五条　土地の価値がその所在する地域における第二条に規定する社会的経済的条件の変化によ
　　り増加する場合には、その土地に関する権利を有する者に対し、その価値の増加に伴う利益
　　に応じて適切な負担が求められるものとする。

め策定された土地の利用及び管理に関する計画に従って利用し、又は管理
されるものである」とあり、土地利用計画の重要性、優先性が明記されて
いる。現状では、地権者意識が強く都市部では空家や空き地での放置、農
村部では耕作放棄地としていても社会的に容認され、自治体も傍観してい
る状況である。アフターコロナ時代に国土の機能再編を促すために、今後、
いかに国民の意識を変え、実効性を持たせるのかが問われている。自治体
の役割は大きい。

2　国土全体をマネジメントする国土利用計画制度の機能不全

　土地基本法では、土地利用計画の重要性が明記されているものの、国土
全体を対象にした土地利用計画である国土利用計画は国民に認知されてい
ないばかりか、都道府県、市町村の現場でも重視されていない。[10]

国土利用計画法（1974年6月制定）に基づき策定される国土利用計画は、全国、都道府県、市町村計画からなり、国土利用の基本方針と、都市地域、農業地域、森林地域、自然公園地域、自然保全地域の区分ごとの規模（面積）の目標等が示される。概ね10年ごとに改訂され、国土交通省国土政策局（旧国土庁）が所管している。

　都道府県は「国土利用計画都道府県計画」に基づき、「都道府県土地利用基本計画」を策定している。5地域の総合調整の役割をもち、あまねく土地利用の色分け（土地利用基本計画図）がなされる。しかしながら、その縮尺は5万分の1と大きく、そこで示す都市地域、農業地域、森林地域、自然公園地域、自然保全地域の区分は、国土交通省、農林水産省、林野庁、環境庁の管轄範囲を示しているとも言える。都市地域と農業地域は都市計画区域内で一部重複している。都市計画制度は都市地域と農業地域（市街化調整区域ほか）を対象にしている。また、都市地域は森林地域と重複している所も多く、他の4地域すべてと重複している所もある。

　国土利用計画法では、国土を、規制区域、監視区域、注視区域、その他

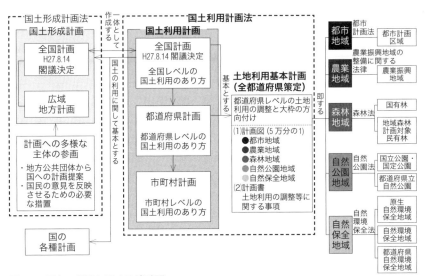

図3-1　国土の利用に関する諸計画　　　　　　　　（出典：国土交通省国土利用計画ホームページ）

一般と分類している。国土利用計画法に基づき、土地の投機的取引が集中して行われ地価が急激に上昇するおそれがあると認められる区域について、知事は土地取引に関して知事の許可が必要となる「規制区域」を指定することができるようになっているが、国土利用計画法の施行（1974〈昭和49〉年）以来、現在まで指定された区域はない。また、知事への事前届出が必要となる「監視区域」を指定することができるようになっているが、高度成長期当時は1000を超える市町村で指定されていたものの、現在は小笠原村のみが指定されているに過ぎない。

　国土利用計画は地価が全国で高騰した時期にその抑制のために制定されたが、近年地価は東京都心部以外はほぼ横ばいであり、地価抑制の役割は終わったといえる。

　土地利用規制は個別法で対応することとなっており、市町村にとっては作成する意義を見出していないのが現状である。国土利用計画を積極的に土地利用のマネジメントに使おうという意識も乏しい。[11] 多くは企画課が所管しており、人口が集中する市街地において実質的な土地利用計画権限を有する都市計画課の関与は薄い。

　現状では、制度上も運用上も、市町村が土地利用のマネジメントを行う手段にはなっていないのである。

3　アフターコロナ時代の機能再編を阻む全国画一的な都市計画制度

⑴国主導で整えられてきた都市計画制度の経緯

　都市計画制度は、1888年の「東京市区改正条例」、1919年の「都市計画法」（旧法）を経て、1968年の「都市計画法」（新法）によって整えられた。新法制定以降は法律の改正によって対応してきている。

　都市計画制度は、明治維新以降、富国強兵をめざす政府の指導の下、まずは東京や大都市部における都市産業基盤の整備、急激な人口流入が引き起こした劣悪な環境の整序に対応して生まれ、1919年の「都市計画法」（旧法）においても当初は6大都市だけに適用されるなど都市重視で、国

土全体の土地利用調整のツールとしては考えられていなかった。

　新法が制定された 1968 年はまさに高度成長期の渦中で、地方から大都市圏に人口が大量に移動し、地価が高騰し、住宅の供給や都市基盤整備が追い付かない状況に直面した。そこで、無秩序な都市の膨張を防止するために新法が誕生したのである。

　都市計画区域を市街化区域と市街化調整区域に区分する線引き制度は地価高騰が激しい三大都市圏から順次定められたが、地方部においては区域区分が定められていない都市計画区域（非線引き区域と呼ばれる）[12] が残された。非線引き区域は現在まで線引きが行われず、3000 m² 未満（300 m² まで引き下げ可能）の開発行為については開発許可が不要であり、都市的利用と農業利用の混在する象徴的な地域となっている。

　また、市街化調整区域は「市街化を抑制する区域」であり、農業振興地域の農用地が含まれており、農業的利用を主体とする地域である。しかしながら、名称の「市街化調整」という言葉が象徴するように、農業振興地域内農用地以外は後述する開発許可制度により都市的利用が可能となり、ロードサイド店、ショッピングセンター、大規模公共施設などが立地し、全国で都市的利用が侵食している状況を生んでいる。

　当時、市街化区域外には、開発事業実施まで都市的開発を禁止する「開発保留地域」[13] や都市的開発を禁止する「保存区域」を設置する議論もあった。また、宅地審議会第 6 次答申では、市街化調整区域は開発志向ではなく、市街地の開発をできるだけ抑制することを基本理念とし、原則的に農地転用を認めないとされていた。[14] 都市計画法制定にあたって、保存区域が実現しなかった理由として、①緑地、風致等の保存は個別法で達成可能、②保存措置を行うために土地の買取の措置に対して対応不可、③開発許可制度によって適切に対応可能、が挙げられている。[15] 高度成長期を迎え、都市的開発を認めざるを得ないという状況であったかもしれないが、この時に公共の福祉を盾に、保存区域等の導入がなされたら土地利用マネジメントは大きく変わっていただろう。

図 3-2　都市計画制度の構成　　　　　　（出典：国土交通省「みらいに向けたまちづくりのために」）

　都市計画法の目的は、「都市計画の内容及びその決定手続、都市計画制限、都市計画事業その他都市計画に関し必要な事項を定めることにより、都市の健全な発展と秩序ある整備を図り、もつて国土の均衡ある発展と公共の福祉の増進に寄与すること」[16]とされている。我が国の場合、目的の一つに、国土の均衡ある発展があげられているように、必要最小限の規制による「建築自由の原則」、「開発自由の原則」の下で、国や都市の利益を公益としているのに対し、後述する欧州では「計画なければ建築なしの原則」の下で、地域社会における利益を公益としていると考えられる。

(2)都市計画区域に関する曖昧な責任分担

　都市計画区域は「一体の都市として総合的に整備し、開発し、及び保全する必要がある区域」（都市計画法第5条）とされ、原則として都道府県が定める。

　非線引き区域や市街化調整区域で、計画性もなく土地利用の混在が生じている背景には、土地利用マネジメントの主体があいまいなこととも関係している。都市計画制度については、旧都市計画法では市町村が発案し、

〈都市計画区域〉

湖東都市計画区域
（非線引き）

能登川

五個荘

（愛荘町）

※
（安土町）

湖東

※
（近江八幡市）

愛東

八日市

永源寺

（竜王町）

蒲生

近江八幡八日市
都市計画区域
（線引き）

（日野町）

都市計画区域外
（旧永源寺町、旧愛東町の
一部、旧湖東町の一部）

※平成22年3月、近江八幡市・安土町が合併

図3-3　滋賀県東近江市都市計画区域の状況

（出典：滋賀県、東近江市資料）

内務大臣が決定するというように国が強い権限を持っていたが、新都市計画法では市町村が案を作成し、都道府県知事の同意を得て、市町村が決定することができるようになった。その後も地方分権改革の中で、市町村権限が拡大している。

　滋賀県東近江市は、2005年2月に八日市市、神崎郡永源寺町・五個荘町、愛知郡愛東町・湖東町の1市4町が新設合併して誕生し、2006年1月に神崎郡能登川町・蒲生郡蒲生町を編入している。人口は11万3798人（推計人口、2020年10月1日）を有している。都市計画区域としては、近江八幡八日市都市計画区域（線引き）、湖東都市計画区域（非線引き）があり、都市計画区域外の地域も有している。湖東、近江八幡都市計画区域の2つの都市計画区域、都市計画区域外を持ち、それぞれの調整が必要となる。同様な性格の地域にも関わらず、開発許可基準が異なり、都市計画区域外に都市計画区域と同質な平坦な市街地が形成している状況である。ま

た、都市計画税課税地域と非課税地域が存在することとなっている。この結果、都市としての一体的な土地利用を定めるのに苦慮する状態となっている。

これは一例であり、全国各地で自治体の範囲と都市計画区域の範囲が異なり、責任の所在があいまいになっている。また、小規模自治体においても1都市計画区域を構成している例も多々見られる。伊賀市のように都市計画人口が約8万人の小規模自治体であるのに4つの都市計画区域を含んでいる例もある。本来は広域での適正なマネジメントを行うべき都市計画区域がその役割を果たしていない。

旧都市計画法では都市計画の権限のほとんどは国であったが、現行法では都道府県がマスタープランである「市街化区域及び市街化調整区域の整備、開発又は保全の方針」（略して「整開保」）を策定するなど長い間、都市計画権限の多くは都道府県にあった。1992年の法改正で市町村が都市計画マスタープランを策定することとなった。2000年の法改正で従来の「整開保」に代わって「都市計画区域の整備、開発及び保全の方針」が規定され、都道府県[17]が都市計画区域ごとにマスタープラン（都市計画区域の整備、開発及び保全の方針）を定め、それに即して市町村都市マスタープラン（市町村の都市計画に関する基本的な方針）が策定されることとなった。

2000年の地方分権改革以降、都市計画権限が都道府県から市町村に順次移譲されているが、都道府県と市町村のどちらが責任をもって都市計画を運用するのかあいまいな状況になっている。

(3)市街化調整区域、非線引き白地区域の多さ

都市計画区域は2019年現在、国土面積の27％に過ぎないが、人口の95％が居住している。市街化区域と市街化調整区域を区分する線引き制度の目的は、「無秩序に拡大する市街地をコントロールする」ことで、市街化区域は、①既に市街地を形成している区域、②概ね10年以内に優先的・

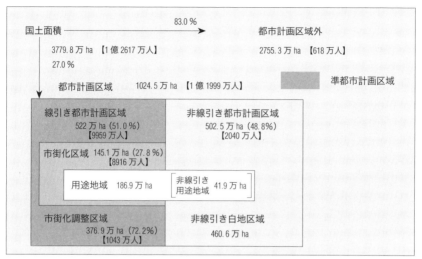

国土面積 ——————— 83.0 % ——————→ 都市計画区域外
3779.8 万 ha 【1 億 2617 万人】 2755.3 万 ha 【618 万人】
27.0 %
　　都市計画区域　　1024.5 万 ha【1 億 1999 万人】　　　　　　　　　□ 準都市計画区域

| 線引き都市計画区域 522 万 ha (51.0 %)【9959 万人】 | 非線引き都市計画区域 502.5 万 ha (48.8%)【2040 万人】 |

市街化区域 145.1 万 ha (27.8 %)【8916 万人】

用途地域 186.9 万 ha 　　非線引き 用途地域 41.9 万 ha

| 市街化調整区域 376.9 万 ha (72.2%)【1043 万人】 | 非線引き白地区域 460.6 万 ha |

(注) 人口集中地区 (DID 面積) 127.4 万 ha (2015)

図 3-4　都市計画区域の状況（2019 年 3 月現在）　　　(出典：国土交通省「都市計画基礎調査」より作成)

計画的に良好な市街化を図るべき区域、市街化調整区域は市街化を抑制すべき区域とされている。市街化調整区域は 377 万 ha（2019 年）で線引き都市計画区域の 72.2％と多い。

　非線引き都市計画区域は 503 万 ha（2019 年）と、線引き都市計画区域 522 万 ha に匹敵する面積が存在している。非線引き都市計画区域では、3000 m^2 未満（300 m^2 まで引き下げ可）の開発行為については開発許可が不要であるなど規制が緩い。

　人口減少が加速化する中で、多くの市町村でコンパクトな市街地の形成を目指して中心部の都市機能や居住機能の誘導を図っているが、コミュニティ機能の維持や移住者の誘致などの名目で市街化調整区域において開発許可や地区計画を前提にした宅地開発等が進められるなどちぐはぐな政策があちこちで繰り広げられている。

⑷全国一律の用途地域

　都市計画制度における市街化区域内の土地利用規制の根幹は用途地

表 3-2　用途地域内の制限

用途地域内の建築物の用途制限 ○：建てられる用途 ×：原則として建てられない用途 ①、②、③、④、▲、△、■：面積、階数などの制限あり		第一種低層住居専用地域	第二種低層住居専用地域	第一種中高層住居専用地域	第二種中高層住居専用地域	第一種住居地域	第二種住居地域
住宅、共同住宅、寄宿舎、下宿、兼用住宅で、非住宅部分の床面積が、50㎡以下かつ建築物の延べ面積の 2 分の 1 未満のもの		○	○	○	○	○	○
店舗等	店舗等の床面積が 150 ㎡以下のもの	×	①	②	③	○	○
	店舗等の床面積が 150 ㎡を超え、500 ㎡以下のもの	×	×	②	③	○	○
	店舗等の床面積が 500 ㎡を超え、1,500 ㎡以下のもの	×	×	×	③	○	○
	店舗等の床面積が 1,500 ㎡を超え、3,000 ㎡以下のもの	×	×	×	×	○	○
	店舗等の床面積が 3,000 ㎡を超えるもの	×	×	×	×	○	○
	店舗等の床面積が 10,000 ㎡を超えるもの	×	×	×	×	×	×
事務所等	1,500 ㎡以下のもの	×	×	×	▲	○	○
	事務所等の床面積が 1,500 ㎡を超え、3,000 ㎡以下のもの	×	×	×	×	○	○
	事務所等の床面積が 3,000 ㎡を超えるもの	×	×	×	×	×	○
ホテル、旅館		×	×	×	×	▲	○
遊戯施設・風俗施設	ボーリング場、水泳場、ゴルフ練習場、バッティング練習場等	×	×	×	×	▲	○
	カラオケボックス等	×	×	×	×	×	▲
	麻雀屋、パチンコ屋、勝馬投票券発売所、場外車券場等	×	×	×	×	×	▲
	劇場、映画館、演芸場、観覧場、ナイトクラブ等	×	×	×	×	×	×
	キャバレー、料理店、個室付浴場等	×	×	×	×	×	×
公共施設・学校等	幼稚園、小学校、中学校、高等学校	○	○	○	○	○	○
	病院、大学、高等専門学校、専修学校等	×	×	○	○	○	○
	神社、寺院、教会、公衆浴場、診療所、保育所等	○	○	○	○	○	○
工場・倉庫等	倉庫業倉庫	×	×	×	×	×	×
	自家用倉庫	×	×	×	①	②	○
	危険性や環境を悪化させるおそれが非常に少ない工場	×	×	×	×	①	①
	危険性や環境を悪化させるおそれが少ない工場	×	×	×	×	×	×
	危険性や環境を悪化させるおそれがやや多い工場	×	×	×	×	×	×
	危険性が大きいか又は著しく環境を悪化させるおそれがある工場	×	×	×	×	×	×
	自動車修理工場	×	×	×	×	①	①

注　本表は建築基準法別表第 2 の概要であり、全ての制限について掲載したものではない。
※　都市計画法第七条第一項に規定する市街化調整区域を除く。

準住居地域	田園住居地域	近隣商業地域	商業地域	準工業地域	工業地域	工業専用地域	用途地域の指定のない区域※	備考
○	○	○	○	○	○	×	○	非住宅部分の用途制限あり
○	①	○	○	○	○	④	○	①：日用品販売店、食堂、喫茶店、理髪店及び建具屋等の
○	■	○	○	○	○	④	○	サービス業用店舗のみ。2階以下。
○	×	○	○	○	○	④	○	②：①に加えて、物品販売店舗、飲食店、損保代理店・銀行
○	×	○	○	○	○	④	○	の支店・宅地建物取引業者等のサービス業用店舗のみ。2階以下。
○	×	○	○	○	○	④	○	③：2階以下。
×	×	○	○	×	×	×	×	④：物品販売店舗、飲食店を除く。
○	×	○	○	○	○	○	○	■：農産物直売所、農家レストラン等のみ。2階以下。
○	×	○	○	○	○	○	○	▲：2階以下
○	×	○	○	○	○	○	○	
○	×	○	○	○	×	×	○	▲：3,000㎡以下
○	×	○	○	○	○	×	○	▲：3,000㎡以下
▲	×	○	○	○	▲	▲	▲	▲：10,000㎡以下
▲	×	○	○	○	▲	▲	▲	▲：10,0000㎡以下
△	×	○	○	×	×	×	▲	▲：客席10,000㎡以下　△客席200㎡未満
×	×	×	○	▲	×	×	○	▲：個室付浴場等を除く
○	×	○	○	○	×	×	○	
○	×	○	○	○	×	×	○	
○	×	○	○	○	○	○	○	
○	×	○	○	○	○	○	○	
○	■	○	○	○	○	○	○	①：2階以下かつ1,500㎡以下　②：3,000㎡以下 ■：農産物及び農業の生産資材を貯蔵するものに限る。
①	■	②	②	○	○	○	○	作業場の床面積　①：50㎡以下、②：150㎡以下 ■：農産物を生産、集荷、処理及び貯蔵するものに限る。 ※著しい騒音を発生するものを除く。
×	×	②	②	○	○	○	○	
×	×	×	×	○	○	○	○	
×	×	×	×	×	○	○	○	
②	×	③	③	○	○	○	○	作業場の床面積 ①：50㎡以下、②：150㎡以下、③：300㎡以下 原動機の制限あり

(出典：国土交通省「みらいに向けたまちづくりのために」)

表 3-3　形態制限

用途地域	第一種低層住居専用地域	第二種低層住居専用地域	第一種中高層住居専用地域	第二種中高層住居専用地域	第一種住居地域	第二種住居地域	準住居地域	田園住居地域	近隣商業地域	商業地域	準工業地域	工業地域	工業専用地域	用途地域の指定のない区域
容積率（%）	50 60 80 100 150 200		100 150 200 300 400 500					50 60 80 100 150 200	100 150 200 300 400 500	200 300 400 500 600 700 800 900 1,000 1,100 1,200 1,300	100 150 200 300 400 500	100 150 200 300 400		50 80 100 200 300 400 ※
建蔽率（%）	30 40 50 60				50 60 80			30 40 50 60	60 80	80	50 60 80	50 60	30 40 50 60	30 40 50 60 70 ※

※特定行政庁が都市計画審議会の議を経て定める。

（出典：国土交通省「みらいに向けたまちづくりのために」）

域[18]である。用途地域は、①その土地をどのような用途に使うことができるかを定める（資源配分）、②その土地の上の空間をどの程度、どのような形で使うかを定める（空間管理）ことを目的としている。

　現在、市町村は13種類の用途地域を設定することができる。このうち、第1種・第2種低層住居専用地域、第1種・第2種中高層住居専用地域は、地域内に建築できない用途が多い積極規制と言えるが、その他の区域は建築用途規制が緩く、用途混在を許している。さらに、用途地域別に、建ぺい率、容積率、斜線制限、高さ制限などで建築物の形態を規制しているが、結果的に用途規制が緩い商業地域、工業地域に高層マンションを誘導する結果となっている。

　13種類の用途地域は全国一律である。容積率は相当の幅での選択肢があり、地方都市においては商業系地域において商店、戸建住宅とマンショ

表 3-4　地域地区の種類と適用状況（2017 年 3 月現在）

類型	名称	概要	適用都市数	面積（ha）
用途	用途地域	住居、商業、工業等の用途を適正に配分して都市機能を維持増進。	1 住：1,202 商業： 968 工業： 882	1,865,353
	特別用途地区	用途地域内で特別の目的のため用途制限を緩和したり、制限、禁止を条例で定めた地区。	752	120,965
	特定用途制限地域	用途地域を指定していない地域（非線引き白地）及び準都市計画区域において良好な環境の形成又は保持のため、制限すべき特定の建築物の用途を定める地域。	73	231,403
	特定用途誘導地区	都市機能誘導区域内で、誘導施設を有する建築物について容積率・用途制限等の緩和を行う地区。	0	0
	居住調整地域	居住誘導区域以外の区域において、市街化調整区域と同様の規制が適用される。	0	0
防火	防火地域・準防火地域	市街地における火災の危険を防除するため定める地域。	745	361,547
	特定防災街区整備地区	密集市街地における特定防災機能の確保並びに該当区域における土地の合理的かつ健全な土地利用を図る。	10	61
高度利用	高度地区	市街地の環境を維持し、又は土地利用の増進を図るため、建築物の高さの最高限度又は最低限度を定める地区。	212	434,596
	特定街区	一定以上の幅員の道路に囲まれた街区等において、有効な空地の規模等に応じた容積率制限の緩和等を行う。	17	189
	高度利用地区	土地の高度利用と都市機能の更新を図るため、建築面積の最低限度を定めるとともに、建蔽率の低減の程度等に応じて容積率制限の緩和等を行う。	274	1,971
	高層住居誘導地区	都市における居住機能の確保等を図るため、住宅と非住宅の混在を前提とした用途地域における高層住宅の建設を誘導すべき地区において、容積率制限の緩和等を行う。	1	28
	特定容積率適用地区	未利用となっている容積率の活用を促進して土地の高度利用を図ることを目的とした地区。	1	117
	都市再生特別地区	都市再生緊急整備地域内において容積率制限の緩和等を行う。	14	169
景観	景観地区	市街地の良好な景観を形成するための地区。	26	13,641
	伝統的建造物群保存地区	周囲の環境と一体をなして歴史的風致を形成している伝統的な建造物群で価値が高いものおよびこれと一体をなしてその価値を形成している環境を保存する。	60	1,175
	風致地区	都市内外の自然美を維持保存するための地区。	214	169,623
	歴史的風土特別保存地区	「古都における歴史的風土の保全に関する特別措置法」歴史的風土保存区域内において歴史的風土の保存上枢要な部分を構成している地域。	10	28,915
	第一種・第二種歴史的風土保存地区	飛鳥時代の遺跡等を含めた歴史的風土を保存するために、奈良県明日香村に定められている地区。	1	2,414
緑	緑地保全地区	都市近郊の比較的大規模な緑地において、比較的緩やかな行為の規制により、一定の土地利用との調和を図りながら保全する。	0	0
	特別緑地保全地区	都市の無秩序な拡大の防止に資する緑地、都市の歴史的・文化的価値を有する緑地、生態系に配慮したまちづくりのための動植物の生育地となる緑地等の保全を図る。	79	6,469
	緑化地域	緑が不足している市街地において、一定規模以上の建築物の新築や増築を行う場合に、敷地面積の一定割合以上の緑化を義務付ける。	4	60,643
	生産緑地地区	大都市圏の市街化区域内において、将来にわたり農地又は緑地等として残すべき地区。	222	12,976
特定機能	駐車場整備地区	自動車交通の混雑解消のために駐車場の整備を促進する地区。	121	28,562
	臨港地区	港湾区域を地先水面とする地域で、港湾施設及び水際線を使用する一定の事務所、工業等の用地。	330	61,899
	流通業務地区	流通機能の向上及び道路交通の円滑化を図るために定める地区。	27	2,401
	航空機騒音障害防止地区・特別地区	航空機の著しい騒音が及ぶこととなる地域。	5	7,617

（出典：国土交通省「都市計画基礎調査」より作成）

ンの混在が目立ち、容積率が過大な状況となっている。

第1章で述べたように、配送センターや植物工場など法施行時には想定もしていなかった建築物も増えている。

用途地域を補完して、市町村は目的に応じてさまざまな地域地区を定めることができる。法律改正等に応じて次々と新しい地域地区が創設された。特に、近年は大都市都心部における高度利用を促進するための規制緩和に対応して創設されたものが多い。1200を超える都市で用途地域が設置されているが、その他の地域地区の中には数都市しか適用されていないものもあり、果たしてこのすべてを全国共通の制度で運用することがいいのだろうか。

(5)整備から運用の時代に入った都市施設

都市での諸活動を支え、生活に必要な都市の骨組みを形作る施設で都市計画に定めることができるもののことを「都市施設」という。下記の施設が都市計画法第11条に位置付けられている。

都市施設は概ね20年後を目標として定めることとされている。都市施設の計画予定地内では、計画段階でも2階以下で除却可能なものを除き、補償なしで建築を制限することができる。都市計画道路に多いが、計画決

図3-5　都市施設（都市計画法第11条第1項）

1. 交通施設（道路、鉄道、駐車場など）
2. 公共空地（公園、緑地など）
3. 供給・処理施設（上水道、下水道、ごみ焼却場など）
4. 水路（河川、運河など）
5. 教育文化施設（学校、図書館、研究施設など）
6. 医療・社会福祉施設（病院、保育所など）
7. 市場、と畜場、火葬場
8. 一団地の住宅施設（団地など）
9. 一団地の官公庁施設
10. 流通業務団地
11. 一団地の津波防災拠点市街地形成施設
12. 一団地の復興再生拠点市街地形成施設
13. 一団地の復興拠点市街地形成施設

定時点から数十年経過してもなお着工の目途も全く立っていない都市施設が多く存在する。都市施設の老朽化対策も喫緊の課題であり、効果的な長寿命化対策が求められている所であり、今後投資的経費の大部分は維持管理費に振り向けざるを得ない。整備率も上がってきており、今後人口減少が進み、財政制約が高まる中で、施設をどこまで整備するかが問われている。

⑹スプロール的な開発を認めている開発許可制度

開発許可制度は、市街化区域及び市街化調整区域の区域区分を担保し、良好かつ安全な市街地の形成と無秩序な市街化の防止を目的としている。許可権限者は、都道府県知事若しくは指定都市・中核市等の長及び特例条例による事務処理を移譲した市の長である。

許可の対象とする開発行為とは、①建築物の建築、②第1種特定工作物（コンクリートプラント等）の建設、③第2種特定工作物（ゴルフコース、1ha以上の墓園等）の建設を目的とした「土地の区画形質の変更」である。都道府県知事（政令市、中核市、特例市等）に設置された開発審査会での審議を経て、その長が許可をする。

開発許可の対象行為は、次表の通りで、市街化調整区域においては全ての開発行為が対象となる。現に農林漁業従事者が、業務や居住用に供するために行う開発行為、図書館、公民館等の公益上必要な建築物のうち周辺

表3-5　開発許可の対象行為

都市計画区域	線引き都市計画区域	市街化区域	1,000 ㎡（三大都市圏の既成市街地、近郊整備地帯等は500 ㎡）以上の開発行為 ※開発許可権者が条例で300 ㎡まで引き下げ可	技術基準適用	立地基準適用
		市街化調整区域	原則として全ての開発行為		
	非線引き都市計画区域		3,000 ㎡以上の開発行為 ※開発許可権者が条例で300 ㎡まで引き下げ可		
準都市計画区域			3,000 ㎡以上の開発行為 ※開発許可権者が条例で300 ㎡まで引き下げ可		
都市計画区域及び準都市計画区域外			1 ha以上の開発行為		

（出典：国土交通省（2019）「開発許可制度」）

の土地利用上支障がないものの建築のためのもの、土地区画整理事業等の施行として行うもの等は規制対象外である。

　許可基準は、技術基準（道路・公園・給排水施設等の確保、防災上の措置等に関する基準）と立地基準（市街化調整区域のみ適用）がある。法34条1〜13号に掲げられた立地基準は次のとおりである。

1. 主として当該開発区域周辺地域において居住している者の利用に供する公益上必要な建築物及び日常生活のために必要な物品の販売、加工、修理等を営む店舗等
2. 鉱物資源、観光資源等の有効な利用上必要な建築物等
3. 温度、湿度、空気等について特別の条件を必要とする建築物等
4. 農林漁業用施設、農林水産物の処理、貯蔵、加工に必要な建築物等
5. 農林漁業等活性化基盤施設である建築物等
6. 中小企業の事業の共同化、集団化のための建築物等
7. 既存の工場と密接な関連を有する建築物等
8. 危険物の貯蔵、処理に供する建築物等
9. 特殊な建築物（沿道サービス施設等）
10. 地区計画又は集落地区計画区域内の開発行為
11. 条例で指定した集落区域における開発行為
12. 市街化を促進するおそれがない等と認められる条例で定める開発行為
13. 既存権利の行使のための建築物等

法34条1号については、地域の日常生活のために必要な店舗ということで、小規模な小売店、飲食店、コンビニエンスストア、ドラッグストア、ガソリンスタンドなどが開発許可の対象となり、多くの地域でロードサイドショップが連担する状況を作ってきた。法34条10号は、地区計画又は集落地区計画[19)]に定められた内容に適合して開発行為が行われるのであれば、無秩序な市街化のおそれがないことから、これを許可しうるとしたものである。地方都市では人口確保の面から活発に利用されており、営農

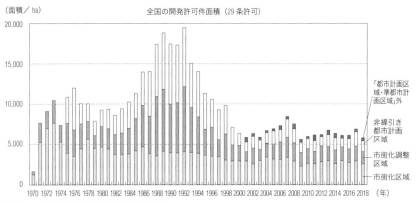

図 3-6　全国の開発許可件数及び面積　　　　　　　　（出典：国土交通省開発許可ホームページ）

意欲が薄れた地権者が不動産会社に土地を売却することを前提に地区計画
を進めた小規模な住宅団地が多い。法 34 条 11 号については、2000 年の
都市計画法改正において、事務処理委任を受けた市町村が条例により定め
ることができるようになり、市街化区域に近隣接する概ね 50 戸以上の建
築物が連担している地区が数多く宅地化された。

　一般的な住宅開発や商業開発の場合、技術基準が満足されている場合に
はほとんど許可される。市町村や地域のまちづくりの方向性と違っていて
も技術基準や手続きを満足している場合、なかなか不許可にはできない。

　市街化調整区域における開発許可は現状でも減少してはいない。市街化

調整区域は市街化を抑制する区域であるが、開発許可制度により結果的にはスプロール的な開発を助長し、中心市街地の低密化を招き、農業の生産性を低下させているといえる。

(7)コンパクトシティ形成に向けての制度改革

　都市計画法は 1968 年に新法が制定された後、市街地の拡大発展を適切に誘導する視点を強めていたが、1990 年代以降は地方分権の動きを強めるととともに、人口減少が明確になった 2000 年以降はコンパクトな市街地形成の視点を強め、数次の改正を経て、現在に至っている。1990 年以降の都市計画法等変更の主な改正ポイントを紹介する。

　1992 年の改正は、市町村マスタープラン（市町村の都市計画に関する基本的な方針）の義務付け、住居系用途地域の細分化が特筆される。当時はまだそれほど都市計画権限の分権が進んでいなかったが、法第 18 条 2 第 2 項に「公聴会の開催等住民の意見を反映させるために必要な措置を講ずる」ことが盛り込まれ、市民参加が進み、市町村及び住民はマスタープランの策定を通じて、都市計画を身近に感じ、自らの意志を反映できるものとして意識改革を進めたとも言える。

　2006 年の改正は集約型都市構造形成へ大きく舵を切ることとなる法改正であった。1998 年に中心市街地活性化法が制定され、中心市街地活性化への施策を進めていたものの依然郊外への大規模集客施設の立地は止まず、中心市街地の更なる空洞化が懸念されていた。そこで、大規模集客施設の郊外立地規制を明確にしたものであった。

　総務省は 2016 年 7 月 29 日、自治体が策定した地域活性化 3 計画（地域再生計画、都市再生整備計画、中心市街地活性化基本計画）の抽出 291 計画についてその効果に関する調査を発表した。[20] この中で、中心市街地活性化法に基づく 44 の基本計画について、自治体が定めた活性化に関する目標を達成できた計画はゼロだったと発表し、改善を求めた。

　現行の都市計画の用途地域は、都市の中心部に高密度な商業地域を設定

表3-6　1992年以降の都市計画法・建築基準法等の主な改正経緯

主な改正	公布施行	考え方	主な改正ポイント
1992年改正	1992.6 1993.6	まちづくりの推進	1. 市町村都市マスタープランの策定の義務付け 2. 住居系用途地域の細分化（3種類→7種類） 3. 容積率、建ぺい率の選択肢の拡充 4. 特別用途地域の拡充
1998年改正	1998.5 1998.11	市街化調整区域での適切な市街化の誘導	市街化調整区域における地区計画策定対象地域の拡大
中心市街地活性化法	1998.6 1998.6	中心市街地の活性化	1. 中心市街地活性化基本計画を市町村が策定、国が認定 2. 商業振興、ハード整備への支援 3. TMO（タウンマネジメント機関）の設立
1999年改正	1999.7 1999.4	地方分権の推進	1. 都市計画事務の自治事務化 2. 市町村都市計画審議会の法定化 3. 都市計画決定権限の政令指定都市への移譲
2000年改正	2000.5 2001.5	都市への人口集中の沈静化、地方分権への対応	1. 都市計画区域の整備、開発及び保全の方針（マスタープラン）の義務付け 2. 線引き制度及び開発許可制度の見直し ・線引き制度の選択制導入 ・既存宅地制度の廃止 3. 良好な環境の確保のための制度を充実 4. 都市計画区域外における開発行為 ・建築行為に対する規制の導入 ・準都市計画区域制度の創設 5. 既成市街地の再整備のための新たな制度を導入 6. 都市計画の決定手続きを合理化すること ・住民参加の促進
2002年改正	2002.7 2003.1	地域特性に応じたまちづくりの推進	1. 都市計画の提案制度の創設及び地区計画制度の拡充 2. 容積率等の選択肢の拡充
2006年改正	2006.2 2006.11	拡散型から集約型へ《都市に必要な施設を「街なか」に誘導》	1. 大規模集客施設の立地規制 ・床面積1万㎡を超える大規模集客施設は、第二種住居地域、準住居地域、工業地域並びに非線引き都市計画区域及び準都市計画区域内の白地地域において原則建築不可 2. 準都市計画区域制度の拡充 3. 開発許可制度の見直し ・大規模公共施設の対象化・計画的で良好な開発行為、市街化調整区域内の既存コミュニティの維持等必要なものについて、地区計画等を策定した上でこれに適合した開発行為 4. 用途を緩和する地区計画制度の創設 5. 都市計画手続の円滑化 6. 広域調整手続の充実
歴史まちづくり法	2008.5 2008.11	歴史的まちなみの面としての保全活用	1. 市町村が「歴史的風致維持向上計画」を策定し、国が認定 2. 規制緩和、権限移譲、さまざまな補助事業等による支援
2011年改正	2011.8 2012.4	更なる地方分権の推進	地域地区や都市施設の都市計画決定が基礎自治体に権限移譲
2014年改正	2014.5 2015.1	コンパクトシティの形成	1. 都市計画区域マスタープランの決定権限の都道府県から政令都市への移譲 2. 都市再生特別措置法の改正 ・立地適正化計画の位置づけ ・都市機能誘導区域、居住誘導区域の新設
2018年改正	2018.4 2018.7	都市のスポンジ化対策都市農業、都市農地の再評価	1. 都市再生特別措置法等の一部改正（都市のスポンジ化への対応） ・低未利用土地権利設定等促進計画の導入 ・立地誘導促進施設協定の導入 2. 都市計画法 ・都市緑地法 ・建築基準法の一部改正 ・田園住居地区の創設
2020年改正	2020.6 2020.9	防災・減災対策	都市計画法・都市再生特別措置法等の一部改正 ・立地適正化計画の強化 ・災害ハザードエリアにおける開発抑制 ・「居心地が良く歩きたくなる」まちなかの創出

し、商業業務施設の誘導を図っているが、多くの地方都市においては中心市街地の商業業務施設が撤退し、郊外に分散するという皮肉な状況を生んでいる。歯抜けになった商業地は魅力がなくなり、駅周辺の一部を除いて、空き地が目立つ状況となっている。郊外部の市街化区域の住居系用途地域でも市街地の低密度化が進行している。人口減少が進む中で避けられない現象であるが、市街化調整区域の立地規制が弱いことや地区計画を利用して、依然、市街化調整区域や白地区域（非線引き都市計画区域のうち周辺地域が定められていない地域）での住宅立地が後を絶たないことも原因の一つである。

　これに対応するために、国土交通省では 2014 年 8 月より「都市再生特別措置法」等を改正し、「立地適正化計画」を制度化した。これは、多極ネットワーク型コンパクトシティの形成を目指して、市街化区域内に都市機能誘導地域と居住誘導区域を定め、公共交通との連携も密にし、立地誘導施設に対する補助金等での支援も行い、市街地のコンパクト化を進めようというものだ。2020 年 4 月 1 日現在、全国で 326 都市が計画を作成しているなど広がりを見せている。広域的な生活圏や経済圏が形成されている場合、関連する市町村が連携して立地適正化計画を作成することにより、当該圏域における都市機能（医療・福祉・商業等）を一定の役割分担の下で整備・利用することができ、効率的な施設の整備・管理が可能となることが期待され、国土交通省では広域立地適正化計画の方針の策定に関して支援制度を有している。

　しかしながら、立地適正化計画はあくまでも誘導であり、市街化調整区域等における開発規制をしている訳でもなく、短期的に大きな効果が見込めるものではない。

　都市計画制度は高度成長期にスプロールの防止、計画的な市街地や都市施設の整備など一定の役割を果たしてきたが、アフターコロナ時代において、全国一律的な制度の枠組みで適切な土地利用マネジメントができるとは思えない。市町村それぞれで地域づくりの戦略や機能配置の方向性は異

なる。第1章で述べたように、アフターコロナ時代の国土の機能配置を促すためにも市町村それぞれで制度を運用できる仕組みが必要である。

4　新規参入者を拒む農地制度

農地は農業の振興や国土の保全、景観の維持にあたって欠かすことのできない資源である。農林水産省が所管し、戦後一貫して土地改良事業などを通じて生産性の向上に努めてきた。市街化調整区域は市街化を抑制すべき区域と位置付けられているし、農地法、農業振興地域の設定、農地転用許可、開発許可制度の厳格な運用によって、農地は維持されているはずであるが、実態は農地所有者も含めて、生産の場としての農地を維持する意識が薄く、耕地面積は減少を続け、耕作放棄地は増加し続けている。

⑴農地法、農業委員会の存在による新規参入の壁

戦後の農地改革により大量に生まれた自作農の保護を目的として、1952（昭和27）年に農地法は制定された。その後、2009年に抜本改正が行われ、①一般企業の賃貸での参入規制の緩和、②農地取得の下限面積の実質自由化、③農地の適切な利用の厳格化が図られ、個人や株式会社等一般法人の参加が促進された。さらに、2016年の改正では、6次産業化等を通じた経営発展を促進するため、農地を所有できる法人の要件（議決権要件、役員の農作業従事要件）が見直された。しかしながら、本格的に植物工場やドローンなどの先端技術を活用し農業参入を行いたい企業にとって、経営権を持って、農地を所有し、新規投資を行い、安定的な経営を行いたいというニーズは当然であり、近年の民間企業の農業参入による地域農業の発展に貢献している状況を鑑みると、農業関係者以外の割合を過半数以上も可能とし、より積極的に民間企業の参入を促すことが検討される。

農業委員会法の存在も新たな担い手の参入の壁となっている。農業委員会は農地法に定められた農地の売買、賃借、農地相続等の許可、農地転用案件への意見具申、遊休農地に対する措置などを行う機関として、農地法

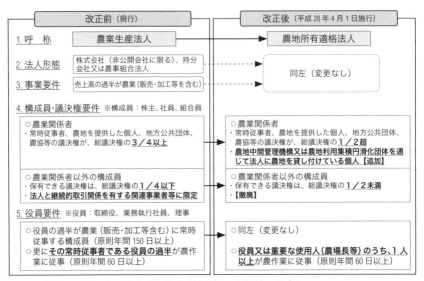

改正前（現行）	改正後（平成 28 年 4 月 1 日施行）
1. 呼 称　[農業生産法人]	[農地所有適格法人]
2. 法人形態　株式会社（非公開会社に限る）、持分会社又は農事組合法人	同左（変更なし）
3. 事業要件　売上高の過半が農業（販売・加工等を含む）	
4. 構成員・議決権要件　※構成員：株主、社員、組合員	
○農業関係者 ・常時従事者、農地を提供した個人、地方公共団体、農協等の議決権が、総議決権の**3／4以上**	○農業関係者 ・常時従事者、農地を提供した個人、地方公共団体、農協等の議決権が、総議決権の**1／2超** ・**農地中間管理機構又は農地利用集積円滑化団体を通じて法人に農地を貸し付けている個人【追加】**
○農業関係者以外の構成員 ・保有できる議決権は、総議決権の**1／4以下** ・**法人と継続的取引関係を有する関連事業者等に限定**	○農業関係者以外の構成員 ・保有できる議決権は、総議決権の**1／2未満** ・**【撤廃】**
5. 役員要件　※役員：取締役、業務執行社員、理事	
○役員の過半が農業（販売・加工等を含む）に常時従事する構成員（原則年間 150 日以上） ○更に**その常時従事者である役員の過半**が農作業に従事（原則年間 60 日以上）	○同左（変更なし） ○**役員又は重要な使用人（農場長等）のうち、1 人以上**が農作業に従事（原則年間 60 日以上）

図 3-7　農地を所有できる法人（農業生産法人）の要件等の見直し

（出典：農林水産省農地制度ホームページ）

に先立つこと 1 年、1951（昭和 26）年 7 月に農業委員会法が制定され、従前の農地委員会、農業調整委員会および農業改良委員会の 3 委員会を統合した行政委員会として市町村に「農業委員会」が発足した。行政委員会は、政治的中立性を確保する観点から、長の指揮監督を受けないという独立性の高い機関であり、市町村には他に教育委員会や選挙管理委員会などがある。事務局は市町村の農政担当に置かれている。委員は特別職の地方公務員（非常勤）で、農業者数や農地面積の規模で上限数が決められ、平均 20 名程度である。多くは地域で昔から農業を営んでいる農業者で一般的に集落エリアごとに選任されている。

　農業委員会法は数度の改正を経て、2015 年 9 月に改正された。これにより、農業委員会の業務の重点は「農地等の利用の最適化の推進」であることの明確化、農業委員の選出方法の選挙制と市町村長の選任制の併用から「市町村長の任命制」への変更、農地利用最適化推進委員の新設がなされた。

　遊休農地の解消については農業委員会の最重点課題であるものの前述し

たように増加に歯止めがかけられていない。個人的な見解であるが、一般的に新規参入者に対しては警戒心を有し、まして農地を所有して植物工場などの技術で農業参入を図ろうとする企業が参入しようとするものならまずは反対する。農業委員は市町村内のある集落エリアの有力者であり、他の地域の委員はその意見になかなか反対できない。市街化区域外の農地の転用（農地以外の利用）については、都道府県（もしくは指定市町村）の許可を必要としているが、独立性の高い農業委員会からの意見具申に対して違った結論は出せない。農業者が所有する農地の転用や耕作放棄地としての放置については、内輪のことなので反対は控える傾向がある。今後、農地を守り、農業の振興を図るためには、若年新規就農者や民間企業の参入を積極的に促すことが必要であるが、現状ではハードルが高い。

　こうした状況を打ち破り、市が主導し、民間企業の農業参入により、耕作放棄地の解消と農業の活性化を図った事例を紹介しよう。兵庫県養父市は、人口の減少と高齢化の進展・農業の担い手不足と耕作放棄地の増加といった問題を解決するための環境を整え、地方創生に繋げたいと考え、2014 年に国家戦略特区[21] の認定を受けた。実現した主な規制改革メニューとしては、①農地の権利移動の許可事務を農業委員会との同意により市が実施、②農業生産法人の役員要件の緩和、[22] ③農地所有適格化法人以外の企業の農地取得の可能化、④農業への信用保証制度の適用、⑤農用地区域内における農家レストランの設置等である。この結果、2020 年 4 月時点で、12 社が参入し、市農業生産高の約 16％にあたる約 2.6 億円を生産し、95 人の雇用を創出した。農地の権利移動の許可事務については、事務処理期間が従前の 21 日から 10 日に短縮された。[23]

⑵農振法で優良農地は守られているか

　1968 年に都市計画法に基づく線引き制度が導入され、市街化調整区域は「市街化を抑制すべき区域」として区域が設定された。市街化調整区域は国土交通省と農林水産省の共同管理の区域とも言え、1969 年に農林水

産省は「農業振興地域の整備に関する法律（農振法）」を制定し、市街化調整区域、非線引き白地区域において農用地を定め、転用規制の下、農業振興施策を計画的、集中的に実施することとした。都市的土地利用は都市計画（都市計画法）を中心に、農業的土地利用は農業振興地域整備計画（農振法）を定め、都市及び農村において計画的に土地利用するという発想である。

　農業振興地域制度は、農政側からみた農業上の土地ゾーニングと言える。長期にわたり総合的に農業振興を図る地域として「農業振興地域」を設定し、その中で特に優良な農地を「農用地区域」とし、厳しい転用規制を行い、その農地の保全、農業生産性の向上を図るものである。区域設定のプロセスは次のとおりである。

①農林水産大臣は、食料農業農村政策審議会の意見を聴いて「農用地等の確保等に関する基本指針」を策定する。

②都道府県知事は、農林水産大臣と協議し、基本指針に基づき農業振興地域整備基本方針を定め、これに基づき、都道府県知事は、農業振興地域を指定する。

③指定を受けた市町村は、知事と協議し、農業振興地域整備計画を定める。

④農用地利用計画は、農用地等として利用すべき土地の区域（農用地区域）及びその区域内にある土地の農業上の用途区分を定める。

　○農用地区域に含める土地

　ア 集団的農用地（10 ha 以上）、イ 農業生産基盤整備事業の対象地、ウ 土地改良施設用地、エ 農業用施設用地（2 ha 以上又はア、イに隣接するもの）、オ その他農業振興を図るため必要な土地

⑤国の直轄、補助事業及び融資事業による農業生産基盤整備事業等については、原則として農用地区域を対象として行われる。

⑥農用地区域内の土地については、その保全と有効利用を図るため、農地転用の制限、開発行為の制限等の措置がとられる。

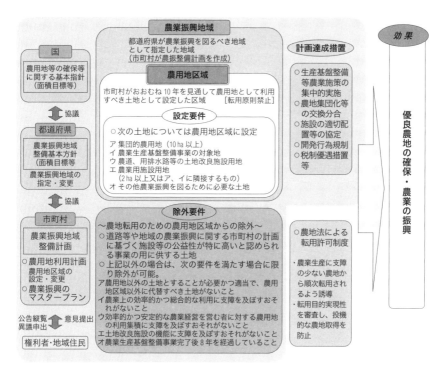

図 3-8　農業振興地域制度の概要　　　(出典：農林水産省「農業振興地域制度、農地転用許可制度等について」)

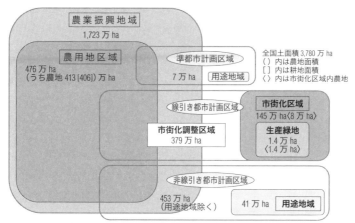

資料：国土地理院「全国都道府県市区町村面積調」(平成 25 年 10 月 1 日現在)
　　　農林水産省農村振興局農村政策部農村計画課調べ(平成 25 年 12 月 1 日現在)
　　　国土交通省都市局「都市計画年報」(平成 25 年 3 月末現在)
　　　総務省自治税務局「固定資産の価格等の概要調書」(平成 25 年度)

図 3-9　農業振興地域の位置づけ
　　　　　　(出典：農林水産省「農業振興地域制度、農地転用許可制度等について」)

農地の状況	農地区分	許可の方針		
		立地基準	一般基準	許可権者

農用地区域内農地
市町村が定める農業振興地域整備計画において農業用地区域とされた区域内の農地

生産性の高い優良農地

甲種農地
市街化調整区域内で、農業公共投資8年以内に高性能農業機械での営農可能農地

小集団の未整備農地

第1種農地
・集団農地（10ha以上）
・農業公共投資対象農地
・生産力の高い農地

市街地近郊農地

第2種農地
・農業公共投資の対象となっていない小集団の生産力の低い農地
・市街地として発展する可能性のある農地

市街地にある農地

第3種農地
・都市的整備がされた区域内の農地
・市街地にある農地

農業上の利用に支障がない農地へ誘導

原則不許可
・農業用施設、農産物加工・販売施設
・土地収用事業の住宅等（500㎡以内）（甲種農地・第1種農地に限る）
・集落接続の住宅等（500㎡以内）（甲種農地・第1種農地に限る）
・地域の農業振興に関する地方公共団体の計画に基づく施設等

原則不許可
・農業用施設、農産物加工・販売施設
・土地収用事業の住宅等
・集落接続の住宅等（500㎡以内）（甲種農地・第1種農地に限る）
・地域の農業振興に関する地方公共団体の計画に基づく施設等

原則不許可
例外許可
・農業用施設、農産物加工・販売施設
・土地収用の対象となる施設
・集落接続の住宅等、第1種農地以外の土地に立地困難な場合
・集落接続以外の土地に立地困難な場合
・地域の農業振興に関する地方公共団体の計画に基づく施設等

原則許可

第3種農地に立地困難な場合等に許可

○ 次に該当する場合不許可
・転用の確実性が認められない場合
・他法令の許可の見込みがない場合
・関係権利者の同意がない場合 等

○ 周辺農地への被害防除措置が適切でない場合
○ 一時転用の場合に農地への原状回復が確実と認められない場合

4ha以下の農地転用：都道府県知事
（2～4haは農林水産大臣に協議）
4ha超の農地転用：農林水産大臣（北海道以外では地方農政局長の許可）
※市街化区域内は、農業委員会への届出で転用が可能

許可不要
・国・都道府県知事が行う場合（学校、社会福祉施設、病院、庁舎を除く）
・土地収用される場合
・農業経営基盤強化促進法による場合
・市町村が土地収用法対象事業のため転用する場合（学校、社会福祉施設、病院及び庁舎を除く）等

法定協議制度
国・都道府県が学校、社会福祉施設、病院、庁舎及び宿舎を設置しようとする場合、転用許可権者と協議が成立すれば許可があったものとみなされる。

図3-10　農業振興地域制度と農地転用許可制度の関係

（出典：農林水産省「農業振興地域制度、農地転用許可制度等について」）

⑦農用地等の確保等に関する基本指針及び農業振興地域整備基本方針に確保すべき農用地等の面積の目標を定め、農林水産大臣は、毎年、都道府県の目標の達成状況を公表する。

農用地は優良農地として原則的に保全され、重点的な農業振興施策が投入される一方で、膨大な白地地域（農業振興地域内の農用地区域外）が存在している。2013年では、農業振興地域1723万haのうち、農用地はわずか28％、476万haで、農振白地地域は72％、1247万haとなっている。

農地法に基づく農地転用許可（農林水産省所管）と都市計画法に基づく開発許可（国土交通省所管）は同時かつ一体的に運用され、開発区域を農地から除外し、計画的開発を認めることとしている。このために、両者の事前調整がなされることとなる。農地転用許可にあたっては、農地を「農用地区域内農地」、「甲種農地」、「第1種農地」、「第2種農地」、「第3種農地」に分け、「農用地区域内農地」、「甲種農地」、「第1種農地」は、立地基準上は原則不許可としている。

一見、厳密な制度であるように見えるが、特に白地区域（農業振興地域内の農用地区域外）においては裁量の余地も大きく、農地転用は進行している。農地転用、開発許可は、技術的基準に適合すれば、地域の福祉の向上、雇用の確保という御旗の下で正当化され、宅地として転用される。ま

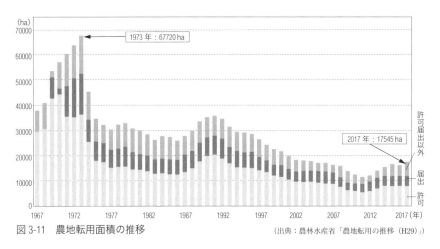

図3-11　農地転用面積の推移

（出典：農林水産省「農地転用の推移（H29）」）

た、2009 年の農地法改正で違反転用について罰則が強化されたが、届け出しないで勝手に駐車場、砂利置き場、アパートやゴルフ練習場などに違反転用する例が後を絶たない。一旦、宅地に転用されると、土壌、水利の面から農地に戻すことはほとんど不可能となる。

　毎年 1 万 ha を超える農地が転用されている。転用後は、約 7 割が住宅、商工業用地などに利用されている。原則不許可である農用地区域での転用も面積が減少してきたとはいえ継続している。流通業務施設や大規模小売店舗の立地については、自治体が誘致する例も多く、農地が面的に大きく損なわれている。

⑶農家が農地を保有しておくインセンティブの存在

　耕作放棄地が増えていく理由としては、農地を保有しておくインセンティブもあることが指摘できる。土地持ち非農家及び自給的農家が全農家数の 6 割を占めていることからもそのことがうかがえる。

　第一に転用期待[24]である。耕作目的と転用目的の農地価格の差が大きい。2013 年における全国の市街化調整区域の水田の例でいうと、耕作目

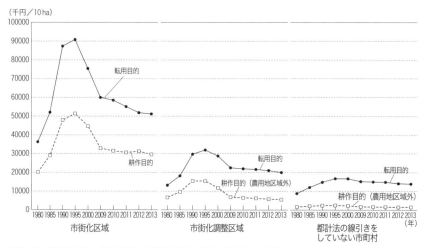

図 3-12　転用目的と耕作目的の農地価格の比較（全国・水田）

(出典：農林水産省「農地転用等の状況について」)

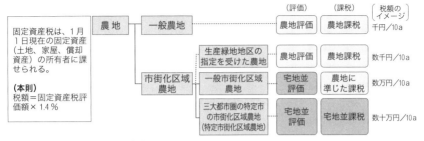

図 3-13　農地に対する固定資産税　　　　　　（出典：農林水産省「農地等に対する課税制度について」）

的では 554 万円／反であるが、転用目的では 1991 万円／反と約 4 倍に跳ね上がる。地権者としては淡い期待ながら資産として保有する意識が働く。高度成長期と比べて転用益は小さくなったものの未だに都市近郊における農地保有者の転用期待は強い。

　第二に、固定資産税の負担の軽さである。固定資産税において農地は、一般農地、市街化区域農地に区分され、評価及び課税される。「一般農地」については、農地の売買実例価格を基に評価（農地評価）され、課税に当たっては「一般農地の負担調整措置」が講じられる（農地課税）。市街化調整区域内農地であれば、年間千円／反程度であり、農地を保有していても負担感は感じない。農業委員会が農地所有者に対し農地中間管理機構と協議すべきことを勧告した農業振興地域内の遊休農地を対象に、2017 年度から通常の農地の 1.8 倍へと課税強化が行われることとなったが、対象農地は限定的で、そもそも低額であり、遊休農地の解消にはまったく効果が出ていない。

　第三に、相続面のメリットである。農地に対しては、細分化防止と農業経営者の育成を支援するために、「贈与税の納税猶予制度」が適用される（1964 年度創設）。農業を営む者が、その農業の用に供している農地の全部を農業後継者（推定相続人の 1 人）に一括して贈与した場合は、後継者に課税される贈与税の納税が猶予され、贈与者又は受贈者のいずれかが死亡したときに贈与税は免除される。贈与者の死亡により贈与税額の免除を受けた場合には、贈与農地を相続により取得したものとみなされ相続税の

課税対象となる。この場合、農業を継続する場合は、相続税納税猶予の適用を受けることができる。このため、子供が将来帰農する場合に備えて、農地を保有していることが重要となる。

(4)土地所有者としての権利意識を前提とした
　　農地中間管理機構による農地集約化

　「人・農地プラン」とは、原則的に集落単位で、アンケート調査や話合いを通じて地図による現況把握を行った上で、地域農業における中心経営体、地域における農業の将来のあり方などを明確化し、市町村により公表するもので、2012年に開始され、2018年度末現在、1583市町村において、1万5444の区域で作成されている。人・農地プランは、2014年の農地中間管理機構法制定時に、農地中間管理事業の円滑な推進を図るための手段として法律上位置付けられている。

　農地中間管理事業は、「高齢化」や「後継者がいない」などの理由で耕作できない農地を農地中間管理機構が借り受け、担い手農家（認定農業者、集落営農型農業法人等）に貸し付ける国の制度である。「農地中間管理事業の推進に関する法律（農地中間管理機構法）」（平成25年法律第101号）に基づき、担い手への農地集積・集約化を推進するために実施されている。

　道府県ごとに農地中間管理機構を設置し、今後10年間で、担い手の農地利用が全農地の8割を占める農業構造を実現することを目標に掲げ、貸し手と借り手のマッチングを行っている。

　2014年度以降、担い手への農地の集積面積は毎年上昇し、2019年度は2.3万ha増加し、耕地面積における担い手のシェアは57.1％になっている[25]ものの、農地中間管理機構への貸付を行った農家には協力金[26]が出るため、これまで相対で貸付を行ってきた農家が農地中間機構を利用している場合も多い。このままだと2023年度で担い手への農地の集積率80％の目標は到底到達できない。

　農地法と後述する農振法により農地は保全され、農地中間管理機構によ

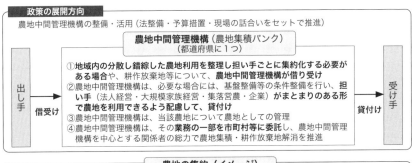

目　標
○今後10年間で、**担い手の農地利用が全農地の8割を占める農業構造を実現**（農地の集積・集約化でコスト削減）

政策の展開方向
農地中間管理機構の整備・活用（法整備・予算措置・現場の話合いをセットで推進）

農地中間管理機構（農地集積バンク）
（都道府県に1つ）

出し手

借受け

①地域内の分散し錯綜した農地利用を整理し担い手ごとに集約化する必要がある場合や、耕作放棄地等について、**農地中間管理機構が借り受け**
②農地中間管理機構は、必要な場合には、基盤整備等の条件整備を行い、**担い手**（法人経営・大規模家族経営・集落営農・企業）**がまとまりのある形で農地を利用できるよう配慮して、貸付け**
③農地中間管理機構は、当該農地について農地としての管理
④農地中間管理機構は、その**業務の一部を市町村等に委託**し、農地中間管理機構を中心とする関係者の総力で農地集積・耕作放棄地解消を推進

貸付け

受け手

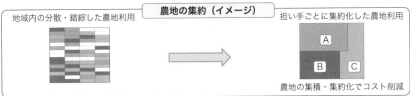

農地の集約（イメージ）

地域内の分散・錯綜した農地利用

担い手ごとに集約化した農地利用

農地の集積・集約化でコスト削減

図3-14　農地中間管理事業の概要

（出典：農林水産省「農地中間管理機構の概要」）

って集約化されてしかるべきであるが、実態は農業委員会は内（零細家族農業者）に甘く、外（一般企業）に厳しい態度で接し、第2章で見たように土地持ち非農家が増加し、新規参入は限定的で、農地の流動化、規模拡大は進まず、経営耕地は減少し、耕作放棄地は増加している。現行の農地法、農振法の仕組みでは、農地はむしろ守れないのではないだろうか。

　アフターコロナ時代に、地域の自律的成長を促すためには農業の維持強化は重要である。多くの民間企業が農業への関心を強めている中、その参入を促進し、大規模担い手を支援し、優良農地において耕作放棄地をなくし、農業及び食料産業を強化するための市町村の手腕が試される。

　市町村が農企業の誘致や創出に積極的に関与した例として兵庫県姫路市の事例を紹介したい。姫路市では水田作が主体でほとんどが兼業農家であり、担い手の高齢化、担い手不足、遊休農地の増加に頭を悩ませていた。一方、市内には多くの製造業等企業が存在しており、雇用の安定化、新規事業の創出の機会を狙っていた。主導したのは産業局商工労働部企業立地

推進課である。姫路市には工業用地の空きが少ないこともあり、農企業に狙いを絞ったのである。産業局に農林水産部があり、商工労働部との円滑な連携ができたことも大きい。2017年に全国展開する複数の農企業を講師として、市内外の企業を対象としてアグリ勉強会を開催した。予想以上に多くの参加があり、農業参入への意欲が高いことを認識した。2018年には姫路と大阪で全国展開する農企業と異業種企業との個別マッチングを実施した。

　その結果いくつかの努力が実を結んでいる。市内企業の（株）香寺ハーブガーデン、神姫バス（株）、市外企業の（株）グラノ24K、姫路市で「ハーブを活かした地域活性化のため連携協力」の覚書（2018年）が締結され、現在、市北部でハーブの里山プロジェクトが進められている。また、全国規模で野菜の生産、加工、販売を行っている（有）ワールドファーム、市内企業のグローリー（株）、市外企業のNECキャピタルソリューション（株）、あおみ建設（株）、姫路市で「農産物の国産化による姫路市の地域活性化」に関する連携協力の覚書（2019年）が締結され、既に数ha規模でホウレンソウなどの試験栽培に取り組まれている。また、市内企業のショーワグローブ（株）は全国規模でベビーリーフを生産しているHATAKEカンパニー（株）と長期パートナー契約（2019年）を結び、姫路市内外で農業生産を行うこととしている。

　このように、市町村が積極的に関与することで、規制緩和や補助金など特別な優遇策はなくても、異業種の農業参入を円滑に進め、農業を維持強化することができるのである。

5　生産でなく管理を重視してきた森林制度

　2011年の森林法改正により、2012年4月より森林計画制度が運用されている。国は5年ごとに15年を1期として「全国森林計画」を策定し、森林の整備及び保全の方向、地域森林計画の指針を定めている。都道府県知事と林野庁森林管理局長は、全国158の森林計画区ごとに「地域森林計

画」を策定している。それを受けて策定される「市町村森林整備計画」は地域の森林づくりのマスタープランと位置付けられており、市町村が森林の期待される機能に応じて森林の区分を主体的に設定できる仕組みとしている。

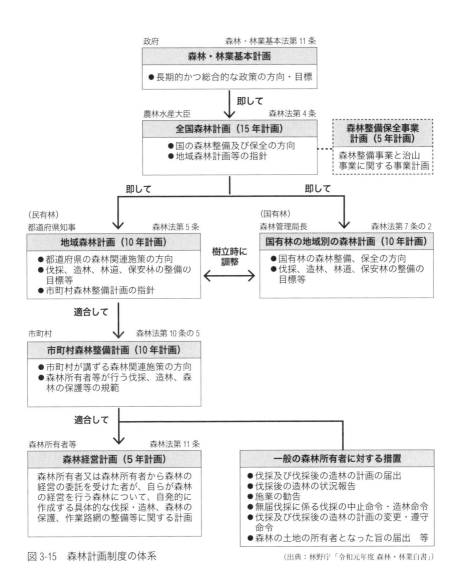

図 3-15　森林計画制度の体系

（出典：林野庁「令和元年度 森林・林業白書」）

林業を重視している三重県では、複数の機能のうち最も重視すべき機能に絞って森林をゾーニングし、その機能を発揮するための効率的・効果的な森林管理を実施することが重要との観点から、森林を大きく生産林と環境林にゾーニングしている。生産林は、森林整備事業（林道・造林等）を中心に持続的な林業経営のための支援を重点的かつ積極的に行うことにより、森林の公益的機能を維持・向上させようとするものである。人工林における「生産林」と「環境林」の面積は、環境林7万 ha に対し生産林15万 ha となっており、3分の2以上が「生産林」となっている。[27]

　2016年5月の森林法の改正により、市町村が統一的な基準に基づき、森林の土地の所有者や林地の境界に関する情報等を記載した「林地台帳」及びその地図を作成し、その内容の一部を公表する制度が創設され、2019年4月から本格運用されることとなり、既に一部自治体では作成、公表を開始している。林地台帳の整備によって所有者情報などをワンストップで入手できるようになり、森林組合、林業事業体等による施業集約化の推進が期待されている。

　2019年4月より森林経営管理法が施行され、民有林（公有林等も含む）を対象に、森林経営管理制度がスタートした。本制度では、森林計画に適合し、①森林所有者に適切な経営管理を促すため経営管理の責務を明確化、②所有者自らが適切な経営管理を実施できない森林において、市町村が経営管理を行うために必要な権利を取得し（経営管理権の設定）、③林業経営に適した森林は林業経営者に委ね（経営管理実施権の設定）、④林業経営者に委ねることができない森林においては市町村が経営管理を実施するという仕組みとなっている。あわせて、所有者が不明で手入れ不足となっている森林等においても、市町村が不明となっている森林所有者等を探索し、不明の場合には、公告や都道府県知事の裁定といった一定の手続を経た上で市町村に経営管理権を設定し、適切な経営管理を確保するための特例が措置されている。このように、市町村が大きな役割を担うことになった。

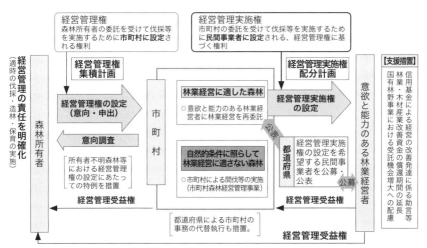

図 3-16　森林経営管理制度の概要　　　　　　　　　（出典：林野庁「平成30年度 森林・林業白書」）

　これまでは管理を主体にしてきたが、ようやく林業の復興に向けて制度が整ってきた。市町村が大きな役割を持つこととなったが、その力を十分に発揮することが期待される。

6　自然災害頻発地に対する居住規制の弱さ

　我が国は自然災害大国であり、毎年のように、地震、津波、噴火、洪水、土砂災害などに見舞われている。自然災害を受ける可能性がある区域（ハザードエリア）を指定し、ハザードマップの提供や建築、土地利用規制などによって、国民に注意や行動を促している。

⑴ハザードマップによる注意、行動変容の喚起

　各種災害対策関連法に基づき、災害種別に災害危険性の高いエリア（ハザードエリア）が指定されている。ハザードエリアについては、イエローゾーンと言われる建築や開発行為等の規制はなく区域内の警戒避難体制を求めている区域と、レッドゾーンと言われる建築や開発行為等の規制がある区域に分かれる。

　ハザードマップ（被害予測地図）とは、自然災害による被害を予測し、

表 3-7　ハザードエリアの種類

区分	災害種別	区域名	根拠法令	指定	概要、行為規制等
イエローゾーン（建築や開発行為等の規制はなく、区域内の警戒避難体制を求めている区域）	河川氾濫雨水出水高潮	浸水想定区域	水防法	国土交通大臣、都道府県知事、市町村長	浸水が想定される区域
	浸水	都市洪水想定区域都市浸水想定区域	特定都市河川浸水被害対策法	国土交通大臣、都道府県知事、等	特定都市河川の洪水が想定される区域都市浸水が想定される区域
	がけ崩れ	土砂災害警戒区域	土砂災害警戒区域等における土砂災害防災対策の推進に関する法律	都道府県知事	急傾斜地の崩壊等により住民等の生命等に危害が生ずるおそれのある危機で、警戒避難体制を特に整備すべき区域
	津波	津波浸水想定津波災害警戒区域	津波防災地域づくりに関する法律	都道府県知事	最大クラスの津波を対象に浸水の区域及び水深を設定。住民等の生命又は身体に危害が生ずる恐れがある区域を津波災害警戒区域として設定。
	噴火	火山災害警戒地域	活動火山対策特別措置法	内閣総理大臣	火山の爆発による人的被害を防止するために警戒避難体制をとくに整備すべき地域
レッドゾーン（建築や開発行為等の規制がある区域）	がけ崩れ、出水、津波、等	災害危険区域	建築基準法	地方公共団体	自然災害による危険性が高い場所に指定。住居の用に供する建築物の禁止その他建築物の建築に関する制限で災害防止上必要なものは、条例で定める。
	がけ崩れ	土砂災害特別警戒区域	土砂災害警戒区域等における土砂災害防災対策の推進に関する法律	都道府県知事	住宅（自己用除く）、社会福祉施設、学校、医療施設を建築する場合は、都道府県知事の許可を要する。
	地すべり	地すべり等防止区域	地すべり等防止法	国土交通大臣、農林水産大臣	のり切り（3m）、切土（直高2m）などの行為は都道府県知事の許可を要する。
	がけ崩れ	急傾斜地崩壊危険区域	急傾斜地の崩壊による災害の防止に関する法律	都道府県知事	のり切り（3m）、切土（直高2m）などの行為は都道府県知事の許可を要する。
	津波	津波災害特別警戒区域	津波防災地域づくりに関する法律	都道府県知事	社会福祉施設、学校、医療施設、市町村の条例で定める用途の建築物を建築する場合は、都道府県知事の許可を要する。

（出典：各種資料より作成）

図3-17　国土交通省ハザードマップポータルサイトの概要要

（出典：国土交通省ハザードマップポータルサイト）

その被害範囲を地図化したものである。予測される災害の発生地点、被害の拡大範囲および被害程度、さらには避難経路、避難場所などの情報が既存の地図上に図示されている。居住者や滞在者に地域の災害リスクを認識してもらい、いざという時に適切な避難行動をとってもらうことを期待している。近年の度重なる災害を踏まえ、各市町村では整備が進んでいる。

　市町村が作成するハザードマップは、災害種別ごとにバラバラに作成され、また、市町村ごとに凡例が非統一で表現が異なることがある。そこで、国土交通省水管理・国土保全局と国土地理院では、居住者や滞在者に対して災害リスク情報を分かりやすく提供するとともに、全国の市町村が災害種別ごとに作成しているハザードマップを簡単に検索できるようにするため、「国土交通省ハザードマップポータルサイト」を 2007 年 4 月から運用を開始し、充実に努めている。

(2)土地利用規制、建築物防災対策実施の義務化

　ハザードエリアのうち、災害危険区域は、建築基準法に基づき、広範な災害を対象とし、市町村が条例で用途制限を行うことができ、被害軽減に有効な手段として活用されている。2020 年 4 月現在で、全国で 2 万 2741 ヶ所が指定されている。[28] 急傾斜地崩壊・地すべり、津波・高潮・出水関

連での指定が多い。

建築基準法第 39 条
地方公共団体は、条例で、津波、高潮、出水等による危険の著しい区域を災害危険区域として指定することができる。
2　災害危険区域内における住居の用に供する建築物の建築の禁止その他建築物の建築に関する制限で災害防止上必要なものは、前項の条例で定める。

　災害危険区域の指定は、中山間地などが多く、住宅が立地している既成市街地での指定は極めて少ない。[29] 災害危険区域が指定されれば、既存建築物に対する遡及適用はないが、新築、増改築の際に対応していないと建築確認がおりない、不動産価格が低下する可能性があるなど、住民、土地

表 3-8　災害危険区域の指定状況
(2019 年 4 月 1 日現在)

指定理由	指定箇所数 (箇所)	区域内面積 (ヘクタール)	区域内の建築物数			
			住宅 (棟)	うち既存 不適格住宅 (棟)	非住宅 (棟)	計 (棟)
急傾斜地崩壊	19,196	26,234.194	345,846	153,777	35,853	381,699
地すべり	68	418.931	236	174	181	417
地すべり・なだれ	1	4.600	0	0	0	0
地すべり・土石流	5	2.910	0	0	15	15
出水	**352**	**6,186.585**	**2,598**	**671**	**1,093**	**3,691**
津波・高潮	**5**	**150.522**	**4**	**3**	**53**	**57**
津波・高潮・出水	**3,116**	**16,014.759**	**11,870**	**7,745**	**3,706**	**15,576**
高潮・出水	**1**	**6,501.830**	**74,000**	**0**	**39,000**	**113,000**
なだれ	3	21.620	4	4	23	27
土石流	7	23.280	3	3	34	37
土石流等	2	548.000	0	0	0	0
溶岩流	2	41.000	0	0	0	0
地盤沈下	0	0.000	0	0	0	0
地盤変動	5	13.273	0	0	0	0
浸食	0	0.000	0	0	0	0
落石	6	13.814	131	0	41	172
泥流・噴石	4	13.483	0	0	0	0
がけ崩れ	2	1.890	1	1	13	14
山崩れ	2	7.210	5	5	8	13
河川氾濫	**3**	**0.000**	**3**	**0**	**0**	**3**
計	22,780	56,197.900	434,701	162,383	80,020	514,721

(注)　太字は特に浸水被害に関連する区域

(出典：国土交通省住宅局 (2019)「災害危険区域の活用による浸水被害軽減の取り組み状況について」)

所有者の反対が想定され、自治体も財産権の制約から補償を求められる懸念 [30] がある。こうしたことから、人命、財産の被害が広範囲に予想される河川沿いの既存市街地には適用されていない。自治体も市街化区域に含めたり、開発許可を出したりした責任も問われることを怖れていると考えられる。

　いくつかの自治体では条例を定め、水害リスクの低減のため、土地利用規制、建築物の防災対応を求める条例を定めている。「滋賀県流域治水の推進に関する条例」（2014 年施行）では、浸水警戒区域においては、知事が想定水位以上に避難空間が確保されているかを確認した上での建築許可、10 年確率降雨で浸水深 50cm 以上の区域は市街化区域へ新たに編入しない（対策が講じられる場合を除く）、盛土構造物の設置等の配慮義務などの措置を含めている。

　2020 年 9 月に、都市居住の防災・減災等のため、「都市再生特別措置法等の一部を改正する法律案」が施行された。これは、開発許可制度に関して、災害レッドゾーン [31] における住宅等（自己居住用を除く）、自己の業務用施設（店舗、病院、社会福祉施設、旅館・ホテル、工場等）の開発の原則禁止や災害ハザードエリアからの移転の促進、居住誘導区域内における防災指針の作成などを盛り込んだ画期的な内容となっている。市町村での本格的な活用が望まれる。

7　機能再編ニーズに迅速に対応できない計画・開発調整手続き

　2000 年の地方分権一括法の制定以降、都市計画等の決定権限が徐々に市町村に分権されてきた。現在の主な計画事項の決定権者は次のとおりである。都市計画分野でいうと、都市計画区域の設定、市街化区域、市街化調整区域の区分（線引き）は都道府県が依然決定権限を有しており、概ね 5 年ごとの見直しとなっている。用途地域については市町村決定であるが、概ね 5 年ごとの見直しとなっている。

　都市計画の決定、変更の手続きについては、市では都道府県知事との協

表 3-9　都市計画等の決定権者

区分	主な事項	市町村決定	中核市、特例市、事務処理委譲市	都道府県、政令市決定	
				大臣同意不要	大臣同意必要
	協議・同意の有無	知事との協議（市）、同意（町村）	–		
都市計画	都市計画区域				○※1
	都市計画区域の整備、開発及び保全の方針				○※1
	市街化区域、市街化調整区域の区分（線引き）				○
	用途地域	○			
	県道			○	
	市町村道	○			
	土地区画整理事業（市町村施行）	○			
	市街地再開発事業（市町村施行）	○			
	地区計画	○※2			
	開発許可		○	○	
農業	協議・同意の有無	-	-	-	大臣協議必要
	農業振興地域				○
	農用地区域	○			
	農地転用（4 ha 超）				○
	農地転用（4 ha 以下）		○※3	○	
森林	保安林			○※4	○※4
	林地開発許可			○	
自然環境	国立公園内の利用				○

※1　政令指定都市でも都道府県決定
※2　知事の協議・同意事項は地区計画の位置及び区域、地区施設等の配置及び規模に限定
※3　事務処理委譲市町村
※4　国が指定するものもある。

（出典：各種資料より作成）

議、町村では同意が必要であり、事前相談から含めて非常に時間がかかるものとなっている。アフターコロナ時代に、オフィスや工場などの誘致を促すために用途地域を変更しようとしても、住民との合意も含めて容易ではない。

　市街化調整区域内農地において民間事業者が建築物の建設を行う際には、農業振興地域法に基づく農地転用許可、都市計画法に基づく開発許可、建築基準法に基づく建築確認を同時にとらないといけない。それぞれ決定権者も異なり、事前調整や決定に時間がかかる。耕作放棄地に現代技術の粋

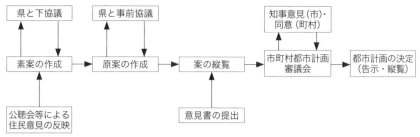

図 3-18 都市計画の決定（変更）手続きフロー

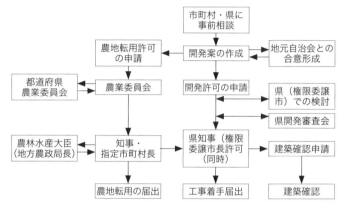

図 3-19 一般的な農地転用許可・開発許可・建築許可手続きフロー

を集めた全自動型の植物工場を建設する際にもこうした手続きを経なければならない。

　手続きは適正、公正でないといけないが、膨大な手間がかかる現状の制度でこれからもいいのであろうか。

注
1　田畑永代売買禁止令は、寛永20（1643）年3月に江戸幕府によって出された法令の総称。
2　一地両主とは、一つの土地に複数の所持が成立しうるというものであり、永小作人も地主にも、質権があった場合には質入人にも質取人にも所持があるという考え方である。
3　稲本洋之助、小柳春一郎、周藤利一（2016）『日本の土地法——歴史と現状——』（第3版）7～9頁
4　寄生地主とは、小作人と呼ばれる農民に土地を貸し出して耕作させ、成果物である米や麦などの農作物の一部を小作料として徴収する農地の所有者。寄生地主の多くは小作料に依存し、あたかも小作人に寄生するかのような印象を与えたことから批判的意味も含めて寄生地主と言われるようになった。

5 　武本俊彦（2014）「土地所有権の絶対性から土地利用優先の原則への転換――農地制度と都市計画制度の史的展開を通じた考察――」より。

6 　梶井功（1981）「農地法的土地所有の成立と終焉：27 年農地法の意義と限界」『関西大学経済論集』31-2

7 　農地法は、2009 年に改正され、「農地耕作者主義」がようやく改められたが、第 1 条には「耕作者自らによる農地の所有が果たしてきている重要な役割も踏まえつつ、農地を農地以外のものにすることを規制するとともに、農地を効率的に利用する耕作者による地域との調和に配慮した農地についての権利の取得を促進し、及び農地の利用関係を調整し、並びに農地の農業上の利用を確保するための措置を講ずることにより、耕作者の地位の安定と国内の農業生産の増大を図り」とあるように、耕作者の保護を前面に出している。

8 　稲本洋之助（1994）「近代的土地所有権の変容」『不動産研究月報』No.193/194

9 　武本俊彦（2018）「日本における土地の所有・利用の制度のあり方〜日本社会の拡張期から収縮期における歴史的展開過程の一考察〜」『土地と農業』No. 48

10 　図 4-20、21 参照

11 　図 4-20 参照。例外もある。国土利用計画を市町村全域の土地利用マネジメントに活用している好事例を後述する。

12 　2000 年の都市計画法改正により、都道府県が都市化の動向を勘案して線引きの是非を決めることになり、「未線引き」という呼称は使わなくなり、「非線引き区域」と呼称されている。

13 　宅地審議会専門部会「都市地域における土地の合理的利用のための対策試案」1966 年 9 月 1 日

14 　宅地審議会「都市地域における土地利用の合理化を図るための対策に関する答申」1967 年 3 月 24 日

15 　田中暁子（2009）「市街化区域・市街化調整区域の成立過程に関する研究」『都市問題』100-6 2009 年 6 月号

16 　都市計画法第一条

17 　策定区域が政令指定都市内に限られる場合は政令指定都市

18 　用途地域による用途の制限（用途制限）に関する規制は、主に建築基準法の規定による。

19 　「集落地区計画」とは、営農条件と調和のとれた良好な居住環境の確保と適正な土地利用を図ることを目的として集落地域整備法に基づき都市計画に定めることができる計画。

20 　総務省（2016）「地域活性化に関する行政評価・監視〈結果に基づく勧告〉」

21 　「国家戦略特区」は、“世界で一番ビジネスをしやすい環境”を作ることを目的に、地域や分野を限定することで、大胆な規制・制度の緩和や税制面の優遇を行う規制改革制度。2013（平成 25）年度に関連する法律が制定され、2014（平成 26）年 5 月に最初の区域が指定された。

22 　役員 1 人いれば農業生産法人とみなすという養父市の提案は、2016 年の農地法改正により全国適用となった。

23 　養父市「令和元年度 養父市国家戦略特区の経過と実績」

24 　転用期待とは、その農地を農地以外に転用することによって得られるであろう利益に対する期待を言う。具体的には、商業施設等への賃貸や売買による利益、道路や公共施設等への売却益等への期待である。

25 　農林水産省「農地バンクによる担い手への農地集積の状況（2019 年度）」

26 　協力金には、地域集積協力金、経営転換協力金、農地整備・集約協力金があるが、このうちリタイアしたい農家や非農家の相続人が農地中間管理機構に農地を貸し付ける場合、1.5 万円 /反（上限 50 万円、2020 年度）となる。

27 　三重県庁ホームページ「三重の森林（もり）ひろば」

28 　国土交通省「災害危険区域の制度概要」

29 　斉藤晋佑、姥浦道生（2012）「水害リスクコントロールの実態と土地利用規制を通じた課題に関する研究」『日本都市計画学会都市計画論文集』Vol 47-3

30 　災害が発生した地域や災害危険区域のうち、居住に適当でないと認められる区域内にある住居を集団的に移転する防災集団移転促進事業がある。原則として市町村が移転促進区域を設定し、

移転先住宅地の用地取得と造成、移転者の住宅建設・土地購入に対する助成、住宅団地の公共施設の整備、移転促進区域内の農地等の買い取りなどを行うが、その費用の一部に対して国が補助することとされている。

31　災害危険区域（崖崩れ、出水等）、土砂災害特別警戒区域、地すべり防止区域、急傾斜地崩壊危険区域を想定

第4章

アフターコロナ時代に
どう都市をマネジメントするか

　コロナ禍を経て、人々のライフスタイル、ワークスタイルが変化し、オフィスの分散、実店舗の減少加速化など都市の構造変化が起きようとしている。本格的なデジタル化も進展する。同時に、人口が大きく減少している。現状のまま推移すると、中心市街地のスポンジ化には歯止めがかからず、耕作放棄地や施業放棄森林が増え、効率的な農業、林業経営を阻害し、国土全体が荒れていくこととなる。毎年大きな災害が発生し、多くの人命が損なわれ、災害復興に追われることとなる。

　こうした変化に対応するために、都市計画制度を中心とする土地利用制度の抜本的な見直しが必要である。市町村を計画主体とし、不確実性の時代に迅速、柔軟な対応を促し、長期的な視点で防災性を高め、歴史的まちなみや美しい景観の創造を進め、賑やかな中心市街地、コンパクトな市街地、生産性の高い農地と森林、生態系や自然を守りながら市民に開かれた自然休養地で構成される都市を市民の力で創り上げることが必要ではないだろうか。

　国や民間の制度見直しの動き、先進的自治体の動き、欧米の制度を参照し、アフターコロナ時代の都市マネジメントの視点を述べることとする。

1　国レベルの都市計画制度見直しの動き

　2005年6月に、国土交通大臣から社会資本整備審議会に対して「新しい時代の都市計画はいかにあるべきか」について諮問がなされ、具体的な検討課題として下記が示された。

①人口減少等に対応した新たな都市計画制度の基本的枠組み

②中心市街地の再生を図るための、広域的な都市機能の規制誘導施策及び中心市街地への都市機能の集積誘導施策

③持続可能な都市を構築するための都市・生活インフラの整備の推進方策

④安全で安心して暮らせるまちづくりの推進方策

⑤歴史的な風土を活用したまちづくり、地域づくりのあり方

　審議会では、2006年1月に第1次答申、2007年7月に第2次答申を出した。第1次答申では、「集約型都市構造の実現」、「広域的都市機能の立地」により、都市構造改革の必要性を強く求めた。市街地の拡散を許容する制度からストックの有効活用と都市の管理を重視する制度への理念の転換も求めた。第2次答申では、集約型都市構造の実現に向けて、都市交通、市街地整備、土地利用、福祉、商業、住宅など多様な分野の関係施策間の連携を一層強化するとともに、行政機関と交通事業者等の民間事業者がひとつの目標を共有して整合的に展開される総合的な取組みが必要と提言した。答申を受けて、2006年の都市計画法改正で、拡散型から集約型都市構造への転換をめざして、大規模集客施設の立地規制、準都市計画区域制度の拡充、開発許可制度の見直しなどの制度改正が行われた。

　その後、社会資本審議会都市計画部会で継続的に検討が行われ、2011年3月に東日本大震災が起き、都市の低炭素化の議論を加え、2012年9月に中間とりまとめとして「都市計画に関する諸制度の今後の展開について」を公表した。その中で、めざす都市像を「集約型都市構造化」と「都市と緑・農の共生」を目指して、「民間活動の重視」が重要であると提言している。集約型都市構造の実現に向けて、財産権の制約、税制なども組み合わせ民間投資を誘導するような戦略的手法も必要であるという認識を述べている。都市の低炭素化に関して、2012年9月に「都市の低炭素化の促進に関する法律（エコまち法）が施行された。

　2012年12月に民主党政権から自由民主党政権に代わったことも影響し

てか、都市計画制度小委員会は中間とりまとめをもって廃止され、都市計画制度の抜本的な見直しは進まなかった。

　しかしながら、2017年2月に都市計画基本問題小委員会が新たに設置され、都市計画制度を抜本的に見直すことを念頭に検討に入った。最優先課題として「都市のスポンジ化」を取り上げ、2017年8月に中間とりまとめを公表した。その提言を踏まえ、2018年に都市再生特別措置法が改正され、「低未利用土地権利設定等促進計画」「立地誘導促進施設協定」等の各種制度が創設された。

　その後、コンパクトシティ政策の今後のあり方や都市居住の安全対策について議論を重ね、2019年7月に中間とりまとめ「安全で豊かな生活を支えるコンパクトなまちづくりの更なる推進を目指して」を公表した。次の6点の方向性を挙げているが、具体的な手段は今後の検討課題としている。

　①コンパクトシティの意義等を改めてわかりやすく整理・共有すること
　②立地適正化計画の制度・運用を不断に改善し、実効性を高めること
　③分野や市町村域を超えた連携を進めること
　④居住誘導区域外に目配りすること
　⑤市街地の拡散を抑制すること
　⑥立地適正化計画等と防災対策を連携させること

　立地適正化計画に実効性を持たせるためには、市街化調整区域や非線引き白地区域の開発規制の強化、居住誘導区域への住宅立地誘導策などの抜本的改革が必要と考えるが、その後、都市計画制度の抜本的改革の検討は中断している。

　国土交通省では、上述した都市局による都市計画制度の見直しの検討と並行して、土地利用基本計画を所管する国土政策局により土地利用基本計画制度の見直しについての検討を進めている。2015年8月に閣議決定された第五次国土利用計画（全国計画）において土地利用基本計画を通じた土地利用の総合調整の積極的な実施が盛り込まれた。そこで、人口減少や

巨大災害発生リスクの高まり等の制度制定当時からの社会経済情勢の変化等を踏まえ、国土利用計画法に基づく土地利用基本計画制度に関し、制度の機能・役割の点検、現在の社会経済情勢等を踏まえた利活用、地方の自主性・主体性を踏まえたあり方等について検討するため、2016年1月から有識者等からなる「土地利用基本計画制度に関する検討会」を開催し、10月に「土地利用基本計画制度のあり方について（中間とりまとめ）」を発表した。

そこでは、土地利用計画の活用に関して次の提言を行った。

①土地利用に関する地理空間情報の集約

・災害リスク情報を始め様々な情報を一元的に集約し、提供すること

②土地利用の総合調整

・部局横断的な総合調整に努めていくこと

③他の土地利用計画との役割分担

・都市計画制度等他の土地利用計画に関する計画制度を一元化して運用することの検討

④基準としての活用

・土地利用計画に法的効果を持たせることの検討

⑤制度の役割

・活用方法の周知

本制度については道府県から国の関与の更なる縮小や廃止論も提起されており、中間とりまとめでは廃止や抜本的見直しよりも改善する方向性を示すに留まった感がある。

2　土地利用への公共的コントロールの強化を求める民間からの提案

国レベルの議論と平行して、民間からもさまざまな提案がある。

日本弁護士連合会では、環境や住民意思に配慮しない都市開発の進展に危惧を抱き、人の暮らしを大切にするという理念とその実効的制度づくりを目指して、土地利用への公共的コントロールを強化することを主張し、

2007 年 11 月に、「持続可能な都市をめざして都市法制の抜本的な改革を求める決議」を採択し、統合的な都市法制の整備を求めた。引き続き検討を進め、2010 年 8 月に、「持続可能な都市の実現のために都市計画法と建築基準法（集団規定）の抜本的改正を求める意見書」及び「都市計画・建築統合法案」を公表し、同時に国土交通省と環境省に提出した。法案まで提案したことはおおいに評価される。その内容は、持続可能な都市の実現を目指し、快適で心豊かに住み続ける権利を保障するために、今後の都市計画法の抜本的改正にあたり、建築基準法（集団規定）も抜本的に再編して統合し、下記の内容を含めるべきとしている。

1. 持続可能な都市を形成・維持すること及び快適で心豊かに住み続ける権利を保障することを法律の目的とすること。
2. 「計画なければ開発なしの原則」及び「建築調和の原則」を実現するために、全国土を規制対象としたうえで、市町村マスタープランに法的拘束力をもたせ、開発されていない場所では開発が認められないことを原則とし、その例外を認めるためには地区詳細計画の策定を要するものとすること。
3. 都市計画の基本理念・基準として、地球環境保全、まちなみ・景観との調和、緑地保全、自動車依存社会からの転換、子ども・高齢者・障がいがある人等への配慮並びに地域経済及び地域コミュニティの活性化を定め、市町村マスタープラン及び地区詳細計画などの都市計画・規制基準の策定並びに開発・建築審査はこれに沿って行われるものとすること。
4. 前記 3 の基本理念を実現するため、現行建築基準法（集団規定）を再編し、都市計画法と統合し、開発許可と建築確認を一体化させた、総合考慮が可能な許可制度とすること。
5. 市町村に土地利用規制や具体的なルール策定・個別審査の権限を付与して、地方分権を拡充すること。
6. 都市計画及び規制基準の各策定手続、許可手続への早期の住民参加を権利として保障すること。快適で心豊かに住み続ける権利を保障するため、不服申立人適格・原告適格の拡大、裁量統制の厳格化、執行停止原則あるいは一定期間の無条件の執行停止を含む行政不服審査及び司法審査の各手続を抜本的に改正すること。

　五十嵐[1]らは、市民政治への助走と定着に向けて、「美しい都市」を目指して、「土地総有」の観念の下で、都市計画制度の抜本的改正を進めるべきだと述べている。土地総有とは、古くは入会地に見られるように、共同体（現代的には会社、公益法人、組合など）が土地や建物を集団的に利用し、その利益を全体で得て、各構成員に配分することである。各共同所有者は目的物に対して使用・収益権を有するのみで、管理権は必ずしも行使せず、慣習や取り決めによる代表者が管理権を行使する形態の共同所有

である。例として、高松市丸亀町商店街の再開発や長浜市の株式会社黒壁の商業まちづくりをあげている。

蓑原[2] は、国土利用計画法と都市計画法の広域的な行政に関わる部分を一体化した、「(仮称)都市田園計画法」の策定、建築基準法の集団規定と都市計画法の都市および地区計画レベルの法制度を一体化した「(仮称)街並み計画法」の策定を提案している。

都市田園計画法の骨子
①法適用区域については、国土の全域とする
・国土利用計画法に定める5地域が基本。
・都市地域は規制の市街地を中心に確実に計画的な市街化が見込まれる区域に絞って指定。
・全区域で計画許可制度を導入。
②広域計画基礎単位
・政令市、中核市あるいはいくつかの市町村がまとめられた広域都市圏
③都市田園基本計画は議会の議決が必要
④都市田園基本計画に、ガイドラインとして、インフラ位置図、土地利用計画図を提示
⑤基礎自治体または都道府県が広域協議会の同意を得て都市田園計画条例を制定
⑥全域について、建築行為を伴わない土地利用についても計画許可制度により規制

街並み計画法の骨子
①都市地域内の計画許可の基準図となる土地利用計画、地区計画、計画許可については、街並み計画法において定め、建築物の集団規定は建築基準法から分離し、街並み計画法と一体化する。
②基礎自治体、広域協議会内の市町村については都道府県が街並み計画条例を制定する。
③開発行為、建築行為等について計画許可の制度を導入し一本化する。
④特定街区、総合設計、一団地認定、地区計画、市街地再開発事業計画などは計画レベルでは地区計画に一本化する。

西村[3] は現行都市計画制度に関して、①建築・都市計画制度は結果として魅力ある都市空間を造ってきたか、②ゾーニングはまだ有効か、③容積率規制は機能しているか、④都市計画にはなぜ歴史や文化を尊重する規定がないのか、⑤都市計画にはなぜ周辺環境との調和、居住環境の保全に関する視点が乏しいのか、⑥都市計画はなぜ農村を対象としないのか、という疑問を提起し、今後実現すべき都市計画の姿を描いている。その主な提案は次のとおりである。

①地域の魅力をつくりだす都市計画へ
・ 都市計画の目的は都市と周辺農村との調和、地区環境の調和、まわりの町並みとの調和をめ
ざすべきで、法の目的もそのように記されるべきである。
・ 地域の魅力を作り出すことは地域固有の歴史や文化を最大限尊重することから出発するもの
でなければならない。
・ 地域の個性を引き出すための都市計画を推進する必要があり、地方政府による条例の制定や
法律を独自に解釈する権利を幅広く認め、法律による義務付けや枠付けを可能な限り減らす
必要がある。
②ストック重視の都市計画へ
・ 都市計画マスタープランに法的な拘束力を付与して、目指すべき空間像の実現を現実のもの
としなければならない。
・ 都市計画の中に空間デザインを組み入れることが必要である。
③了解深化のための都市計画へ
・ 透明で民主的な討議が行われ、その結果が地域の合意となるような仕組みを作ることが必要
である。
④機動的で柔軟な統合的政策としての都市計画へ
・ 単なる土地利用規制や建築物規制にとどまらず、かといって従来型の都市計画事業一辺倒で
もなく、交通政策や経済政策、農業政策、さらには福祉政策や人口政策と表裏一体のもので
なければならない。
・ 国法で規定する枠付けや義務付け、選択肢の定期（例えば用途地域別の容積率のメニューな
ど）を極力それぞれの地方で行えるようにすることと同時に、地方公共団体の条例制定権を
幅広く認めて、都市農村計画を各自治体が独自の総合的政策として実施できるようにする必
要がある。

　大西[4]は、都市計画法について、全国土を対象とすること、都市計画
の決定権限は市町村とすること、開発レビュー型の土地利用システムへの
変換などを提案している。

第1　基本的改革
・ 都市的土地利用、居住環境、産業・都市施設の適正配置を管理するため、全国土を都市計画
法の適用区域にする。
・ 都市計画法（まちづくり法）に「低炭素都市計画」「少子化対策・高齢者福祉都市計画」を
加え、省庁を超えた総合行政として取り組む。
・ 建築基準法の集団規定を都市計画法に統合し、土地利用と建築計画の一体的な仕組みを整え
る。これを地方公共団体の許可制として良好な都市環境の実現を図る。
・ 都市や地域の運営管理（マネジメント）は、行政だけでなく、多様な主体が地域の価値や空
間の質を高められるよう社会関係資本による都市計画（まち育て）を確立する。
第2　地方主権と市民参加
・ 都市計画の立案・決定権限は市町村、広域調整は都道府県、国は基本法制度を整えるという
役割分担を明確にする。
・ 都市計画の規律密度を低くし、法律がまちづくり条例等を支援する仕組みを確立する。
・条例によって法を上書きし、独自の制度を定められることを法定化する。
・市町村の都市計画力を底上げするための制度（民間都市計画主事等）をつくる。

・都市計画（まちづくり）は市民が主役との観点から、市民に最も身近な基礎自治体が、市民と協働して計画の立案から決定・実施に至る参加の仕組みを一層拡充する。

第3　土地利用

・都市の拡大をコントロールしてきた線引き制度に代わり、都市の中心部でも周辺部でも、集約型都市構造を誘導・形成する新たな仕組みを創設するとともに、人が住み活動するエリアにあまねく計画的コントロールが働くシステムをつくる。
・特に、郊外の土地利用については、都市計画と農村計画の融合を図り、地区計画やまちづくり条例により、細やかで豊かな郊外環境の維持創出ができるよう改める。
・都市内外の緑地保全を拡充し、特に都市内農地の役割を評価する観点から、用途地域に農業地域を追加する。
・まちなかの土地利用については、まちづくり条例と連携し、事前明示型の土地利用基準から、地区計画＋計画協議（開発レビュー）型の土地利用システムに順次転換する。
・大規模な土地利用転換に都市計画が能動的に対応できるような措置を講ずる。
・住民による都市計画提案制度の活用を支援し、紛争予防型都市計画の導入を図る。

第4　環境・景観

・都市計画の目的や理念に低炭素都市の実現を明記する。
・低炭素の都市づくりを進めるため、地区計画の拡大と新たな地域地区等を創設し、地区の温室効果ガス排出総量や原単位を定められるようにする。
・景観法と連携して、歴史的な町並みの保全や美しい景観の創造を進める。

第5　都市施設・サービス・財源

・誰もが自由に移動を楽しめる「移動の権利」を確立し、ユニバーサルデザインのまちづくりを進めるとともに、地方都市や郊外での公共交通サービスの充実を図る。
・都市施設や市街地開発事業は、実効性を重視した計画手続きにより計画決定後5年以内に着手することを原則とし、計画決定に伴う権利制限の長期化を防止する。
・既存の基幹・生活インフラの維持管理と更新を円滑に進めるため、施設の管理（ファシリティマネジメント）と都市計画が連携できる制度を検討する。
・また、都市計画の事業は広く一般財源を充当して行うという観点から都市計画税の見直しを行う。施設や地域の管理においては、受益者負担の制度を広げ、自律性のある整備維持管理システムを普及させる。

　饗庭[5]は、都市計画の現場での経験を通じて、人口減少時代における都市縮小期の都市計画の方法について、これまでの都市拡大期の都市計画の方法と対比して、ボトムアップ型に紡ぎあわせる柔軟な仕組みへの転換を求めていることが注目される。

　土地利用計画制度研究会[6]では、地方都市の縁辺部では農地の転用による諸機能の拡散と土地需要の縮退の中で街の劣化が進んでいることを危惧し、「土地利用計画法」を創設し、市町村全域を対象に、市町村が「土地利用総合計画」を策定し、それに基づき土地利用行為の「承認」を行うことで、生活・生業の総体を対象とした土地利用の規制・誘導を行うこと

を提言した。共感する部分が多い提案である。

全国市長会（815 団体〈792 市、23 区〉）、2018 年 10 月 1 日当時）では、都市の縮退・低密度化や農山漁村における課題を解決するためには、経済成長や人口増加を前提とした従来の土地利用の仕組から、超高齢・人口減少時代に適合的な土地利用の仕組に転換することが必要になっているという問題意識から、2016 年 7 月に、「土地利用行政のあり方に関する研究会」を公益財団法人日本都市センターの参画を得て設置し、2017 年 5 月に報告書[7]を公表した。

超高齢・人口減少社会において、空き地・空き家、耕作放棄地や荒廃森林が増加する一方、一部において無秩序な開発が散見されることに危機感を有し、土地利用の現場である都市自治体において、一元的な土地利用行政を実現することが必要であるとしている。都市自治体が主体となり、総

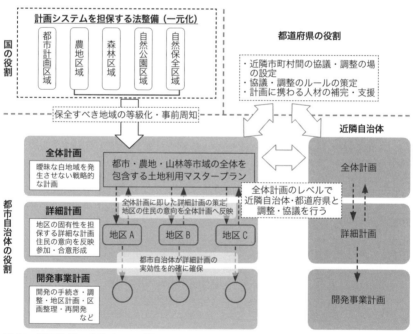

図 4-1　計画体系の全体イメージ図

（出典：全国市長会（2017）『土地利用行政のあり方に関する研究会報告書』）

合的な土地利用行政を行うべきだという強い姿勢を示している。

　このように、国や民間レベルでさまざまな検討が進められており、都市計画制度に関する抜本的見直しの機が熟してきている。

3　市町村独自の新しい都市計画制度構築の試み

　経済的な成長や人口増加を前提とした市街地の拡大を念頭に置いた土地利用の仕組みから、都市市街地の縮退・低密度化や農山村における課題等を踏まえた、超高齢・人口減少時代に適合的な、総合的な視点による土地利用の仕組みづくりの重要性は、特に地方部の自治体で認識されているが、現在の法制度とこれまでの慣習に縛られ、担当課の不在や議会や地域住民の合意形成の困難さからためらう自治体が多い。その中で注目される取組みをしている自治体を紹介したい。[8]

⑴長野県安曇野市
──合併を契機とした全市対象の土地利用マネジメントの推進

　安曇野市は長野県のほぼ中央部に位置し、西部は標高3000m級の北アルプス連峰、東部は比較的なだらかな山地帯で、中央部は安曇野と呼ばれる平坦な扇状地となっており、集落や市街地が散在している。2005年に、豊科町、穂高町、三郷村、堀金村、明科町の5町村が合併し、安曇野市が誕生した。人口は9万7千人（2021年1月）である。

合併を契機に土地利用の統一ルールを検討

　旧5町村では都市計画における土地利用制度が異なっていた。旧豊科町では線引きを導入していたが、旧穂高町では都市計画白地地域において虫食い的な開発が進み、それを抑制し、住宅開発の集中を誘導することを狙い、1999年に「穂高町まちづくり条例」が制定されていた。2005年の合併は対等合併であり、土地利用の統一ルールを設けることで土地利用の不公平性を排除し、秩序ある土地利用を目指すため、2006年から検討を開始した。市民検討委員会を設置し、市のまちづくりを進めていくうえで線

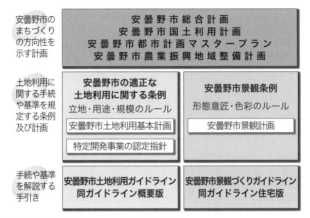

図4-2　安曇野市土地利用に関する関連計画体系

（出典：国土交通省国土政策局（2018）「国土利用計画（市町村計画）事例集」）

引きか、自主条例で規制誘導を行うかを検討し、後者を選択した。開発基準も市民検討委員会でたたき台を作り、学識者で構成される専門委員会で議論し定めた。

　2011年4月に「安曇野市の適正な土地利用に関する条例」、「安曇野市土地利用基本計画」、「安曇野市景観計画」が施行された。国土利用計画は市の条例を基本に上位計画と位置付けている。また、2012年12月に旧豊科町の線引きを外し、自主条例による土地利用制度の統一を果たした。

　制度の運用を開始して3年が経過した2014年度に開発動向の比較・検証や市民の土地利用制度に関する意向調査を行い、太陽光発電施設の規制等を加え、条例、基本計画を改正し、2016年7月に施行した。なお、土地利用マネジメントを担当する都市計画課計画係の職員数は3名である。

田園産業都市を掲げ、全市対象のゾーニングに基づき開発を誘導

　制度の特徴は次のとおりである。

❶土地利用基本計画と連動した地域類型別の基本方向の明示

　まちづくりの目標像として、「豊かな自然環境や景観、歴史・文化を守り、暮らしやすさと産業発展のバランスがとれた田園産業都市づくり」を目指し、土地利用の11の原則を定め、全市域を対象に、用途地域指定地

域や旧町村の中心市街であった「拠点市街区域」「準拠点市街区域」、集落が密集する範囲であった「田園居住区域」、農地を含まない原野・山林・宅地・雑種地等を「山麓保養区域」、山間部を「森林環境区域」とし、それ以外を「田園環境区域」に地域区分している。各区域別に土地利用の方針及び目指すべき方向を定めている。

❷開発事業に応じた手続きのパターン設定

「安曇野市の適正な土地利用に関する条例」に基づき、あらゆる土地利用の行為を対象に、その事業の規模や目的に応じて「届出のみ」「承認」「認定＋承認」の3パターンの手続きを定めている。

❸各区域に応じた開発事業の基準の設定

開発事業の定めのある新たな開発は、区域ごとに定められた開発基準との整合を図った上で、開発事業案の提出、標識の設置、説明会の開催及び報告書の提出・縦覧等の承認手続き、開発許可や建築確認を経て工事着手となる。土地利用基本計画の基準にない開発については「特定開発事業」として、説明会の開催や土地利用審議会による審議、市長の認定等の手続きを必要としている。土地利用審議会は、都市計画審議会とは別に設置され、個人の権利に関する案件を審議するため会議は非公開にしている。

開発事業の定めのある事業はこれまでの9年間で1524件（年約150件）あり、適正に運用しているかをチェックしている。特定開発事業は9年間で267件（年約30件）あり、過去1件が不認定とされた。

❹市民参加の仕組みの包含

開発事業の承認や地区土地利用計画の策定にあたって、住民参加の機会を作っている。

条例制定後、新築住宅着工件数は条例制定前と同程度の水準を維持しつつ、都市機能の集約を図る拠点市街区域、準拠点市街区域、田園居住区域への立地誘導が図られている。田園環境区域においては、既存集落への3辺立地ルールが働き、スプロール的開発が抑制されている。また、新規開発にあたっての説明会の実施により、市民とのトラブルが減少していると

いう。

2013 年に実施した市民アンケート調査では、土地利用をコントロールするルール（規制）については、「現状維持」及び「もっと厳しくすべき」を合わせると 53％と市民には評価されていると考えられる。

条例は 5 年に 1 回見直しがなされ、現在、学識者で構成される制度評価委員会に意見を聴きながら検証と見直し作業を進めている。

⑵静岡県伊豆市
── 都市計画区域の全市域適用と複数の条例による非線引き区域の規制・誘導

伊豆市は、2004 年に修善寺町、土肥町、天城湯ケ島町、中伊豆町が合併し誕生した。人口は、3 万人（2021 年 1 月）である。伊豆半島の中心部に位置し、狩野川沿いと西部の海岸線に、温泉地を含む集落、市街地が散在している。山間部の森林地帯は富士箱根伊豆国立公園に指定され、豊かな森林における林業、シイタケやワサビ栽培が特徴的である。

市単独での都市計画区域の設定と統一ルールを検討

旧修善寺町は、北側に接する函南町、伊豆の国市とともに田方広域都市計画区域の一部になっていた。他の区域には都市計画区域は指定されておらず、1 市 2 制度という状態であった。土地利用行為に関する規制に差異があることで、住民の不公平感が強く、また合併後の一体的なまちづくりを進めるための障壁となっていた。

そこで、静岡県からの技術職員の出向も得て、2014 年に「伊豆市の新しい都市計画検討委員会」を設置し、2 ヶ年の検討を経て、2016 年 1 月に最終提言書をまとめた。この提言に基づき、2017 年 3 月に田方広域都市計画区域から伊豆市域（旧修善寺町）を分割し、伊豆都市計画区域に変更するとともに、線引きを廃止し、新たな土地利用ルールを定めた。2021 年 3 月には市域全域を都市計画区域に指定する予定である。

本制度の構築に関わる職員数は約 4 名（全て専任ではない）で、うち 2 名は静岡県からの再就職・出向職員（2 人とも土木技術職）であり、県と

連携し制度改革を推進している。

河川洪水浸水危険エリアへの土地利用規制の導入など
市独自の土地利用マネジメントを実施

制度の特徴は次のとおりである。

❶将来像の明確化

市域の均衡ある発展を図るために、コンパクトタウン＆ネットワーク構想を掲げ、その実現のために都市計画を位置づけた。

❷条例による土地利用規制と誘導

都市計画区域の設置、線引きの廃止と合わせて、「伊豆市特定用途制限地域に関する条例」、「伊豆市都市計画法施行条例」、「伊豆市水害に備えた土地利用条例」、及び「伊豆市景観まちづくり条例」の4条例により、土地利用規制、誘導を行うこととした。

○伊豆市特定用途制限地域に関する条例（委任条例）

以前は市街化調整区域となっていた地域において、良好な自然・居住環境を保全し、無秩序な開発を抑制するために、伊豆市は特定用途制限地域として、新たに「幹線道路沿道地区」と「里山環境共生地区」を設けた。

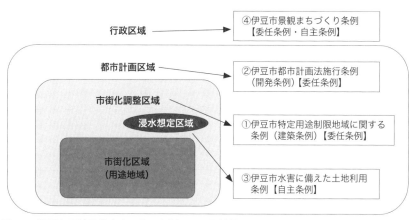

図 4-3　伊豆市区域区分廃止に伴う条例による代替的な土地利用規制・誘導

（出典：全国市長会（2017）「土地利用行政のあり方に関する研究会報告書」）

そして、各地区において建築することができない建築物の用途及び高さを定める「伊豆市特定用途制限地域に関する条例」が制定された（2016年12月22日制定、2017年3月31日施行）。

○伊豆市都市計画法施行条例（委任条例）

都市計画法では、その規模が3000 m² 未満の開発行為が非線引き都市計画区域内で行われる場合には、同法に基づく許可は不要とされているが、都道府県等は条例でその規模を別に定めることができる（法29条1項1号、法施行令19条）。伊豆市においても、区域区分が廃止されることに併せて、「伊豆市都市計画法施行条例」を制定し、規模要件を1000 m² へと引き下げている（2016年12月22日制定、2017年3月31日施行）。

○伊豆市水害に備えた土地利用条例（自主条例）

市街化調整区域では開発行為及び建築行為が厳格に規制されていたが、区域区分の廃止によって宅地としての土地利用が容易となった。そこで、国直轄河川である狩野川の浸水深0.5m以上の浸水想定区域内（計画規模）で住宅建築や1000 m² 以上の開発行為を行う事業者に対し、浸水対策上必要な措置を講ずることや住民等への周知を行うことなどを求める「伊豆市水害に備えた土地利用条例」を制定した（2016年12月22日制定、2017年3月31日施行）。

○伊豆市景観まちづくり条例（委任条例＋自主条例）

線引きを廃止することで、一部の地区において開発圧力が高まることが懸念される一方、都市計画法及び建築基準法のコントロールが及ばない土地利用行為、具体的には大規模な太陽光発電施設の設置が行われるといった、土地利用行政上の課題が生じていた。こうした懸念・課題に対応するため、2017年3月23日に制定されたのが、「伊豆市景観まちづくり条例」である（2017年3月31日施行）。同条例は、景観法に基づく委任条例として、土地利用行為に係る届出制を導入し、その対象区域を市全域とする。また、地域住民が長年にわたって景観保全の取組みを行ってきた修善寺温泉・桂谷地区を「重点地区」として位置付け、よりきめ細かな規制誘導を

行うという、伊豆市独自の仕組みも併設している（2018年3月30日制定、2018年7月1日施行）。さらに、地元の地域づくり自治組織をベースに気運の高まった湯ケ島地区も「重点地区」に加わっている（2020年3月31日制定、2020年7月1日施行）。

❸特定用途制限地域における建築手続き

「幹線道路沿道地区」と「里山環境共生地区」については、建物用途制限を定めるとともに、建築に関する手続きを明確化している。

広域都市計画区域からの分割、区域区分の廃止については、従前の市街化調整区域で鉄道駅周辺の移住・定住促進に資するエリアにおいて、特定用途制限地域の運用に加え、地元と対話を重ねた上で道路等の地区施設配置を盛り込んだ地区計画策定を行ったため、一定の適正な土地利用・開発・建築が進んだ。

特定用途制限地域に関する特定許可はこれまで工場の1件に留まっている。水害に備えた土地利用条例については、新築住宅について条例に従い、防災対策をしている。

都市計画定期見直し（2021年3月末予定）において、都市計画区域の市域全体への拡大が計画されており、それに備えて、旧町中心部（地域拠点周辺）への用途地域（又は地区計画）の設定、漁村集落における都市防災及び建築の観点からの道路配置の検討などが課題という。

⑶茨城県桜川市
──田園都市づくりをめざした市域全体の土地利用マネジメントの推進、
　　農村集落一括の地区計画の策定

桜川市は、東京から80km圏内、茨城県の中西部に位置し、筑波山塊に面する平野部を市の名称の由来でもある一級河川「桜川」が南北に縦断している。市の主要産業は農業と石材業で、桜川沿いには肥沃な農耕地帯が形成されており、主に街道沿いや山沿いの微高地に農村集落が分布している。人口は3万9千人（2021年1月）で急激な減少傾向にある。

市街化調整区域が95％超を占める小規模自治体における
独自の土地利用計画制度を検討

　桜川市は2005年10月に旧岩瀬町、旧大和村及び旧真壁町の2町1村が合併して誕生した。中心都市である筑西市及び結城市とともに広域都市計画区域（下館・結城都市計画区域）を構成し、線引きがなされている。市域の区域区分構成は、市街化区域が4.7％、市街化調整区域が95.3％という極端な比率となっている。また、市域の過半が非線引き都市計画区域に接しているため、住民の間に不公平を訴える声が根強く、2009年3月には市議会が「調整区域撤廃及び都市計画区域の見直しを求める請願」を全会一致で採択した。

　そこで、桜川市では、2012年7月に都市計画審議会に専門部会を設置し、土地利用計画制度見直しの議論に着手。その結果、高度成長期に設定された市街化区域及び市街化調整区域の2元的制度構造から脱却し市の実像に即した市街地及び集落群による多核的都市構造をきめ細かくデザインするための新制度が必要であるとして、2015年2月に都市計画審議会が「桜川市における区域区分の廃止及び新制度の構築に関する答申」を行った。

　しかしながら、線引き制度の廃止について関係機関の協力が得られなかったため、全国初の試みとして線引き制度を存置したまま独自条例と地区計画による新制度の構築を図るべく、2016年4月から集落部における地区計画の策定に着手。2018年6月に「桜川市土地利用基本条例」を制定し、翌2019年2月に同条例に基づく「土地利用基本計画」と都市計画法に基づく都市計画マスタープランの機能を兼ね備えた「桜川市田園都市づくりマスタープラン」を策定。集落部における地区計画については、最終的に計35地区（計2585 ha）を2019年4月に決定告示した。なお、同時期に都市計画法に基づく開発許可の権限移譲も受けている。

　制度改革時の担当職員数は3名、制度改革後（運用時）の担当職員数は開発許可業務の担当職員も含めて5名（うち1名は茨城県からの出向職員）である。

市域全体を対象としたゾーニングによる能動的な土地利用の総合調整と集落部における地区計画の政策的展開

　本制度の特徴は次のとおりである。

　桜川市の制度改革で優れている点は、本来一体不可分であるはずの土地利用計画制度を個々の法律が分野別に分掌し少なくとも市域レベルではそれらの総合調整を図る仕組みがないという我が国特有の制度体系に着目し、市域レベルでそれらの総合調整を図るための仕組みとして独自条例に基づく「土地利用基本計画」を制度化した上で、都市政策体系の最上位計画である都市計画マスタープランとリンクさせ、そこに能動的な土地利用の総合調整機能を創設した点である。

　そのために、桜川市土地利用基本条例、桜川市田園都市づくりマスタープラン（土地利用基本計画と都市計画マスタープランの機能を兼ね備えたマスタープラン）、集落部における地区計画等の関連制度を同時期に一挙に構築したことは特筆される。

❶桜川市土地利用基本条例の制定による土地利用基本計画の制度化

　桜川市土地利用基本条例の目的は「桜川市における土地利用の基本理念を定めるとともに、土地利用の総合調整を図るための仕組みとこれに即して行われるべき諸手続（略）その他市の行政区域の適正かつ合理的な利用を図るために必要な事項を定め、もって本市の特性に相応しい創造的で多様性豊かな土地利用の実現に寄与すること」とされている。このうち「土地利用の総合調整を図るための仕組み」が土地利用基本計画制度であると解されている。また、第3条の基本原理では「土地利用に当たっては、公共の福祉を優先し、本市固有の地域的な特性を反映した適正かつ合理的な計画に従ってこれを行わなければならない。」とされており、「計画なくして開発なし」」の理念が明確化されている。

❷桜川市田園都市づくりマスタープランの策定

　桜川市田園都市づくりマスタープランの役割は「都市計画マスタープラ

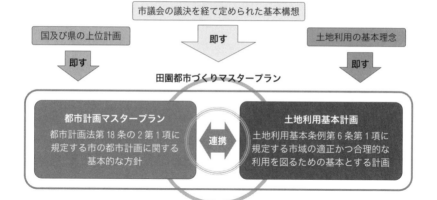

図4-4　桜川市田園都市づくりマスタープランの位置付け

（出典：桜川市（2019）「桜川市田園都市づくりマスタープラン」）

ンと土地利用基本計画それぞれの役割を兼ね備えたマスタープランとして、桜川市の目指すべき将来都市像とこれにリンクした市域の適正かつ合理的な利用の展望を明らかにした上で、その実現方策を示し、市民、事業者及び行政共通の都市づくりの指針となるもの」とされている。

　市の目指すべき将来都市像は「〈機能集約〉と〈多核連携〉による《集約連携型コンパクトシティ》」とされており、その意義は「拠点となるべき市街地に都市機能を集約・確保するとともに、集落の維持・活性化を支援し、それらをネットワークで結ぶことで、成熟と縮退の時代に対応した持続可能な都市構造を形成しようとするもの」とされている。

❸市域全体を対象としたゾーニングの設定

　桜川市田園都市づくりマスタープランでは、市域の適正かつ合理的な利用を図るための基本とする地域の区分として、「複合産業誘導ゾーン」、「市街地ゾーン」、「工業生産ゾーン」、「農業生産ゾーン」、「自然共生ゾーン」、「土砂災害警戒ゾーン」及び「集落共生ゾーン」の7区分のゾーニングを設定している。これらは、個々の法律が分掌する分野別の土地利用計画制度に依拠したゾーニングとなっており、これらの相互調整を図ることが、個別法の相互調整に直結する仕組みとなっている。また、市の目指す

べき将来都市像とリンクした市域の適正かつ合理的な利用を図る視点から個別法のゾーニングを超えた土地利用転換を図るべきエリアとして「土地利用検討エリア」が設定されており、能動的な土地利用の総合調整を可能としている。

❹集落部における地区計画の政策的展開

　集落部における地区計画は、集落共生ゾーンのうち開発圧力が低く、現に集落が形成されているエリアを対象として、計 35 地区（計 2585ha）を同時に決定告示した。これほどの規模のエリアに一挙に地区計画制度を導入する例は全国初といえよう。

　地区計画の基本的なルールは、建築物の用途の制限（第一種中高層住居専用地域相当）、敷地面積の最低限度（原則 200 m² 以上）及び建築物の高さの最高限度（原則 10 m 以下）である。これらが従来の市街化調整区域の規制に代わって適用されることで、地区計画のエリア内では、集落部への居住を誘導する上で大きな障壁となってきたいわゆる出身要件（当該集落に地縁・血縁のある者でなければ許可の対象にならないとする要件）が実質的に廃止されている。また、地域活力の創出に寄与する土地利用をきめ細かく誘導していくための措置として、基本的なルールに適合しない建築・開発行為のうち桜川市土地利用基本条例に基づく協議が調ったものについて立地を許容する特例的なルールの創設が予定されている。

　短期的に期待される効果としては集落部における土地利用計画制度の整備とこれに伴う開発許可等行政手続の簡素化、長期的に期待される効果としては地区計画のエリア内への人口集約とこれに伴う集約連携型都市構造の形成が挙げられる。

4　欧米の都市計画から学ぶ

　諸外国の都市計画制度は、各国の土地制度を反映して制度化されてきたが、ここでは今後の我が国の都市計画制度のあり方を考える上で参考とな

るアメリカ、イギリスの制度の特徴を概観しておく。こうした国に行くと、都市部と農村部は明確で、高密な都心の周りに郊外住宅地やオフィスパークが計画的に形成され、郊外は広大な農地や豊かな森林が広がっているのに気付くであろう。一体、どのような土地利用計画制度の下で実現しているのであろうか。

(1)アメリカの都市計画制度
──自治体が独自に地区に合わせたゾーニングを実施

州が自治体にゾーニング、都市計画権限を授権、自治体が独自に条例で制定

アメリカは連邦制をとっており、連邦レベルの統一的法制度はなく、各州の授権法（州の権限を自治体〈カウンティや市等〉に授権）に基づき、自治体が個別にゾーニング条例を制定している。連邦政府は、それを支援するために、Standard State Zoning Enabling Act（1924 年）、Standard City Planning Enabling Act（1928 年）をモデル法として制定している。自治体はそれをほぼ踏襲して条例を制定する。ゾーニングの特徴として、都市ごとに用途地域の種類・内容が異なり、区分が非常に細分化され、建築可能な用途を細かく列挙しているということである。ただし、人口約 200 万人のヒューストンのようにゾーニングのない都市も存在する。

ゾーニングに基づく土地利用規制は、ポリスパワー（Police Power）に基づいている。ポリスパワーとは、州が州民の健康、安全、道徳、その他一般の福祉を保護する法を実施する州の権限である。ゾーニング規制は、自治体の総合計画（ジェネラルプランなどと呼ぶ）に基づき、実施される。

アメリカの都市計画制度は、総合計画とゾーニングで特徴づけられるが、加えて、宅地分割規制（Subdivision Control）などの手法を活用している。宅地分割規制は、民間事業者による新規宅地開発にあたって、自治体が、街路の配置、長さ、舗装、排水、歩道、敷地の大きさ、デザイン、財源などを事前にチェック、承認する仕組みである。当然、総合計画やゾーニングなどとの整合が求められる。

表 4-1　アメリカにおける都市計画の枠組み

	土地利用	都市施設
都市計画の方針	総合計画（General　Plan, Comprehensive Plan, Specific Plan, Community Plan などと呼ばれる）	
都市計画の実現手段	ゾーニング（Zoning） 宅地分割規制（Subdivision Control）	

```
1. Introduction （はじめに）
2. Strategic Framework （戦略目標）
3. Land Use & Community Planning （土地利用、コミュニティ計画）
4. Mobility （交通）
5. Urban Design （都市デザイン）
6. Economic Prosperity （経済活性化）
7. Public Facilities, Service & Safety （公共施設、サービス、安全）
8. Recreation （レクリエーション）
9. Conservation （保存）
10. Noise （騒音）
11. Historic Preservation （歴史的まちなみ保全）
12. Housing （住宅）
```

図 4-5　サンディエゴ市総合計画の構成

（出典：サンディエゴ市ホームページ https://www.sandiego.gov/planning/genplan/）

土地利用計画も含む総合計画

　総合計画は、都市の将来的な方向性や主要政策を表明したプランで、当然ながら全市域を対象とし、土地利用、交通、住宅、保全、オープンスペースなどの 20、30 年スパンの長期的な目標と達成手段を示す。マスタープランに含める項目は、都市計画授権法を参考にし、州、自治体で異なる。総合計画の策定過程は、公聴会などのプロセスを経て市議会の議決で決定されるのが一般的である。

　対して、我が国においては、総合計画と都市計画区域を対象にした都市計画マスタープランが併存し、市民にとってわかりにくいものとなっている。

自治体、地区の実情に合わせたゾーニング規制

　ゾーニングは、都市を小さなゾーンに分割し、そのゾーン内の敷地に配置できる建物の規模と用途を定めるもので、居住、商業、工業の 3 つに基本的に分かれ、その中で詳細化される。用途、高さ、オープンスペースの

表 4-2　ゾーニング手法の多様化

種類	概要
インクルージョナリー・ゾーニング （Inclusionary Zoning）	・ゾーニング規制の範囲内で適切な複合的土地利用を実現する手法。多くの場合、高所得者用住宅開発に中低所得者用住宅を包含させることを目的としている。
パフォーマンス・ゾーニング （Performance Zoning）	・Impact Zoning とも呼ばれ、一般的には必要最低限の条件と最大の許容限度を予め定め、プロジェクトが与える影響（騒音、振動、臭気、交通量、景観等）に応じて土地利用や密度を柔軟に決定するもの。影響軽減手法の提示と実施意向により開発許可が与えられる。
クラスター・ゾーニング （Cluster Zoning）	・密度（Density）ゾーニングとも呼ばれ、大規模住宅地開発等で開発対象地区の自然環境条件等を配慮して、個性的な街路パターンや敷地規模を柔軟に設定することで総住戸数（住宅密度）を確保しようとするもの。
スポット・ゾーニング （Spot Zoning）	・提案された開発行為が望ましいものであるにも拘わらず、包括的なゾーニング指定になじまない場合、敷地に対するゾーニングを限定的に異なるゾーニングに変更する手法。
インセンティブ・ゾーニング （Incentive Zoning）	・従来のゾーニング制度が造形的に味気ない都市空間を創出し、用途分化により都市活動の停滞を招くとの認識から生まれたデザインコントロールのための一制度。公共空間の整備により容積率緩和を得るというボーナスが一般的。ボーナス対象が拡大し、制度主旨と無関係な不必要な取引、行政手続きの煩雑化等の問題から見直し・改善が行われている。
計画単位開発（PUD） （Planned Unit Development）	・田園地域や郊外地域において中規模以上の新規開発を行う場合に条例に基づき運用。ゾーニングと同程度の開発密度を確保しながら、行政との協議により地区内の道路計画・建物配置・住居タイプ・土地利用の混合等を柔軟に計画できる。これが公聴会・開発影響評価調査等を経てマスタープランとされ、ゾーニングに代わる対象地区の開発規制として法廷拘束力をもつ。
開発権移転（TDR） （Transferable Development Rights）	・歴史的建造物の保全や自然環境の保全のために、対象地の開発許容容積のうちの未利用容積を、近隣の別の土地に移転して利用するもの。歴史的建築物の保全と開発による経済的利益の調整手法として用いられる。

（出典：（社）国土技術研究センター（2004）「都市再生特別地区の活用手法に関する調査」）

規模、敷地面積、敷地幅、駐車場の量などの規制が定められる。

　近年、画一的な規制には限界が出始め、自治体の課題に応じて、低所得者向け住宅の建設、民間開発の誘導、歴史的建物の保全、居住環境の保全などの政策意図に沿って、ゾーニングの柔軟化が進展している。

市独自のゾーニングの事例（ニューヨーク市）

　ニューヨーク市では、住居系の用途だけでも30種類以上あり、これに商業系（80種類以上）、工業系（約20種類）、その他に特定の地域にだけ適用されている特別用途（Special Zoning）がある。

　現在形成されている街並みと用途地域のギャップが生じている地区に対

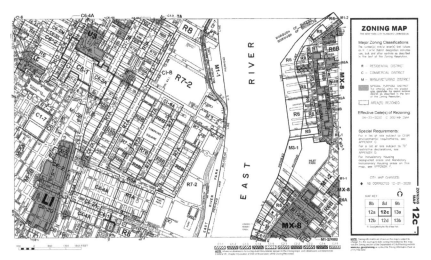

図4-6　ニューヨーク市のゾーニングの例　　　　　（出典：ニューヨーク市役所）

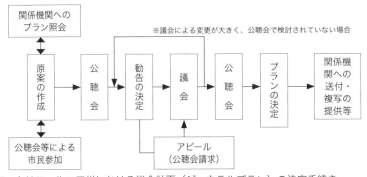

図4-7　カリフォルニア州における総合計画（ジェネラルプラン）の決定手続き
（出典：（社）国土技術研究センター（2004）「都市再生特別地区の活用手法に関する調査」）

し、市では既存のゾーニングを現在の街並みに合わせるというダウンゾーニング（contextual zoning）を実施した。これらの地区では、過去に多くの住宅供給が予想されていたため容積率の高い用途地域が設定されたが、結果的には戸建て住宅地区が形成された、という経緯を持っている。

都市計画は自治体に決定権、公聴会を経て議会で審議

　都市計画は自治体に決定権があり、プロセスは自治体が独自に決める。一般的に、条例で設置された都市計画委員会に決定権があり、議会はその

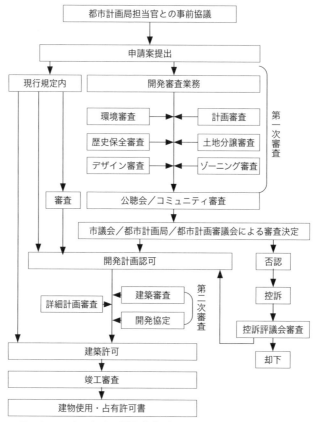

図 4-8　サンフランシスコ市における開発審査プロセス

(出典：(社) 国土技術研究センター (2004)「都市再生特別地区の活用手法に関する調査」)

答申を承認することが多い。マスタープランやゾーニングの決定は「立法行為」としてみなされ、イニシアティブ（法案発議）やレファレンダム（住民投票）の対象となる。

　ゾーニングで定められる規制及び建築規則に合致している開発は、建築計画書を市の担当部署に提出して建築の申請を行い、建築許可を得る。例外措置を求める場合には、都市計画委員会及び議会の承認を得なければならず、その前には公聴会などのプロセスが必要となる。

⑵イギリスの都市計画制度
──国の指針をふまえ自治体が開発計画を策定

1990年の都市農村計画法（Town and Country Planning Act）に基づいている。望ましい将来像、土地利用計画を定めるDevelopment Planと、その実現のために個別開発を計画許可によってコントロールしようという、2層構造である。ゾーニングはない。

都市計画の基本的権限は自治体にある。国は、地方計画団体（Regional Planning Body）及び自治体に対し、計画の指針であるプランニングポリシーフレームワーク（National Planning Policy Framework）を提示している。自治体はそれを考慮する必要がある。また、広域戦略課題については、近隣の自治体や関連組織と協力しなければならないという義務がある。

表4-3　イギリスにおける都市計画の枠組み

	土地利用	都市施設
都市計画の方針	Development Plan	
都市計画の実現手段	Development Control	

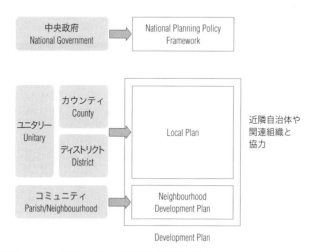

図4-9　イギリス（イングランド）の計画行政体制の概要

（出典：国土交通省ホームページ「各国の国土政策の概要」より作成）

国の計画指針（NPPF：National Planning Policy Framework）

　国は、自治体が都市計画の方針を立案し法を運用する際の基本的な指針となるプランニングポリシーフレームワークを定めている。60ページ程度のもので、自治体が計画する際の心構えを述べているような表現が多い。

都市像、都市戦略、土地利用を示す自治体のデベロップメントプラン

　デベロップメントプランは、自治体ごとに策定される計画で、全市域を対象に、都市のビジョン、戦略、実行手段としての土地利用の方向性を示す。デベロップメントプランは、都市の将来についての社会の価値判断を伴った意思決定であるため、市民参加を重視している。その手順は国の法律と規則で決められている。

　公開審問は、案に対する意見を自治体が集約し、特に市民が問題と考えている課題を設定した上で、各課題について賛成、反対の提出者から代表者を選定し、公開の場で審議を行う方法である。議長には、国のエージェンシーである計画審査庁に属するインスペクターと呼ばれる都市計画の専門家があたる。審議のまとめと、その結果プランをどのように修正したらいいかは、議長が報告書という形で自治体に提出する。

---

1. Introduction（はじめに）
2. Achieving sustainable development（持続的な開発の実現）
3. Plan-making（計画）
4. Decision-making（意思決定）
5. Delivering a sufficient supply of homes（十分な量の住宅の提供）
6. Building a strong, competitive economy（強く、競争力のある経済の実現）
7. Ensuring the vitality of town centres（中心市街地の活性化）
8. Promoting healthy and safe communities（健康的で安全なコミュニティの促進）
9. Promoting sustainable transport（持続的な交通の確保）
10. Supporting high quality communications（高質なコミュニケーションの支援）
11. Making effective use of land（効果的な土地利用の実現）
12. Achieving well-designed places（よくデザインされた空間の形成）
13. Protecting Green Belt land（グリーンベルトの保護）
14. Meeting the challenge of climate change, flooding and coastal change（気候変動、洪水、沿岸変化への対応）
15. Conserving and enhancing the natural environment（自然環境の保全利活用）
16. Conserving and enhancing the historic environment（歴史環境の保全利活用）
17. Facilitating the sustainable use of minerals（鉱物資源の持続的な利用）

図 4-10　計画ポリシーフレームワーク（National Planning Policy Framework）の項目

（出典：Ministry of Housing, Communities and Local Government "National Planning Policy Framework" February 2019
https://www. gov. uk/government/publications/national-planning-policy-framework–2)

1. About Cambridge（ケンブリッジ市について）
2. The Spatial Strategy（空間戦略）
3. City Centre, Areas of Major Change, Opportunity Areas and site specific proposals
   （都心、変化と可能性のある地域、特定提案の地区）
4. Responding to climate change and managing resources（気候変化と資源管理への対応）
5. Supporting the Cambridge economy（ケンブリッジ経済の支援）
6. Maintaining a balanced supply of housing（適切な住宅供給）
7. Protecting and enhancing the character of Cambridge（ケンブリッジの魅力向上）
8. Services and local facilities（サービスと都市施設）
9. Providing the infrastructure to support development（発展のためのインフラの整備）

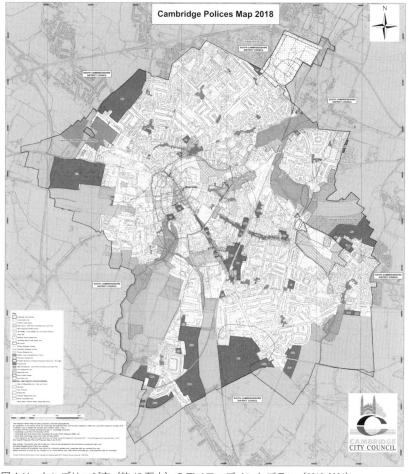

図 4-11　ケンブリッジ市（約 12 万人）のデベロップメントプラン（2018-2031）

（出典：Cambridge City Council"Cambridge Local Plan"October 2018
https://www.cambridge.gov.uk/development-plan-for-cambridge）

ゾーニングはなく個別に開発を審査

　イギリスには、日本やアメリカのようなゾーニングはなく、自治体の専門家が個々の開発プロジェクトを審査し、議会が最終決定する。開発規制の対象は、①地表・地上・空中・地下における各種の工事、もしくは②重大な用途変更である。一定規模以上のサンルームなど軽微な工事も開発とみなされる。申請者は自治体に許可申請書、図面等を提出し、自治体の行政官である専門のプランニングオフィサーが審査する。許可基準は、デベロップメントプランに位置づけられているかであるが、自治体が独自に判断することを認めている。近隣住民や市民に広く意見聴取がなされる。オンラインで計画案を見ることもできる。さまざまな意見も参考としながら、プランニングオフィサーが答申（リコメンデーション）を議会に提出する。

　最終的な決定権は、議会の都市計画委員会が有している。最終決定は、「許可」「条件付き許可」「不許可」のいずれかである。不許可になった場合は不服申し立てが可能で、全国の不服案件を扱う機関（最終決定は大臣）によって決定がなされる。違反については「計画是正」措置がなされ、適切な処理がされない場合、刑事罰に処される。

厳格な歴史環境の保全と農地の保全

　「歴史上、建築上特別の価値を有し、その性格や外観を保全したり向上したりすることが望ましい地区」を歴史環境保全区域と指定して保全している。指定は自治体が行う。保全区域内では、建物の取り壊しに関しても許可が必要である。屋根への天窓の設置、衛星アンテナの設置など区域外では許可がいらないものも許可が必要である。広告規制や樹木の保全も強化している。

　イギリス全体で農地は国土の約75％を占め、生産性から国によって6段階に区分している。上位3段階の農地については、例外的な場合を除き、転用は認められない。自治体は、上位格付農地に対する一定規模以上の開発を許可しようとする場合は国との協議が義務付けされている。

　人口減少社会の都市計画制度構築にあたって、欧米の都市計画制度や土

地制度から学ぶ点は次のとおりである。

❶自治体がそれぞれに定め運用する都市計画

　都市計画の決定権は自治体にあり、自治体が総合計画（土地利用計画）を定め、それに従ってゾーニングや開発許可を行っている。ゾーニングの種類や規制内容も自治体それぞれであり、土地利用の現状や戦略に基づき定められる。

❷市域全体が対象

　都市計画は農地、森林を含めた市域全域を対象にしている。

❸計画に従った土地利用、柔軟な対応

　土地の所有と利用は不可分である。総合計画（土地利用計画）に従って利用される。アメリカにおけるゾーニングやイギリスにおける歴史保全区域や農地における規制は非常に厳しく、簡単に例外的な開発はできないようになっている。一方で、計画に定められていない開発については、公正な手続きを経て個別に審査するなどの柔軟な対応をしている。

5　アフターコロナ時代の都市マネジメントの視点
──ワイズユース＆コンパクトライフ都市

　アフターコロナ時代の地方における都市づくりは、「ワイズユース＆コンパクトライフ都市」をめざすべきである。ワイズユース（賢明な利用）とは、ラムサール条約の第2条に記されている考え方で、湿地などについて生態系が維持されつつ、そこから「恵み」を持続的に得ることができるというような保全とバランスが取れている利用のことである。環境用語であるが、まちづくりにも応用可能な考え方である。

　都市はそもそも自然地に人間が住み着いてインフラや住宅を構築し、経済活動を展開し拡大してきたが、今後はいかに限られた土地資源を持続可能な状態で保全、利活用するかが問われている。産業構造の変化や人口減少等で使われなくなり荒廃していく土地を都市住民共有の財産として賢明な利用を図る。さらに、リモートワークの進展など働き方の変化に対応し

	区分	サービス例
公共サービス （アプリ）	モビリティ	交通制御、バス運行最適化、自動運行バス、デマンド交通、カーシェア、ラストワンマイル配送、最適物流
	ヘルスケア	感染者検知・情報配信、感染クラスター分析、遠隔診療、健康管理、児童・高齢者見守り
	コミュニティ	遠隔教育、都市インフラ保守管理、災害防止・避難、ごみ収集最適化、防犯、行政手続、市政情報
	エネルギー	最適エネルギーマネジメント、災害時電力供給
	産業	人流分析、キャッシュレス決済、農業ロボット、農地マッチング

| 土地利用
建物利用
都市インフラ | |

情報通信 インフラ	データプラットフォーム / 決済システム
	通信ネットワーク（5G・Wi-Fi 等）
	各種センサー・スマートフォン等

図 4-12　ワイズユース＆コンパクトライフ都市のイメージ

　て、徒歩圏などの住区レベルで健康的で豊かなコンパクトな暮らしが実現できるように機能を充実させる。人口が減少しても暮らしが維持できるように、IoT や AI などの最新技術も駆使し、各種サービスを充実させるのである。

　具体的には、大都市圏からのオフィス等の機能分散を受け止め、鉄道駅等を中心に、高次都市機能施設（福祉・医療・商業等）や中層住宅の誘導を図り、歩いて暮らせる賑やかな街なか空間を形成し、公共交通でカバーできるエリアを中心に居住誘導区域を定め、空き地や空き家の活用も進め、住区レベルでもコンパクトな暮らしができるように職住遊余暇機能を整える。

　郊外の農村エリアにおいては、農業集落の維持を図り、優良農地を中心に大規模農業生産者の育成や民間企業や新規就農者の農業参入を積極的に促し、植物工場や食品加工施設などの新規立地も進め、食産業の成長を図る。森林エリアでは、区域を定め、路網の整備を図り、製材所、バイオ発電施設等の立地を促し、森林産業の勃興を図る。農村集落や自然公園エリ

アでは、景観に配慮した滞在型施設を促し、体験保養空間を形成する。

　都市全体でデジタル化を推進し、自宅や滞在型施設にいながらさまざまな公共サービスを享受できるようにし、移動や物流の最適化を進める。都市全体として、インフラの保守管理やエネルギーの最適マネジメントを図る。災害や感染症にも強い都市を形成する。

　アフターコロナ時代に、急速に発展している最先端のデジタル技術を活用し、官民が連携協力して都市全体を「ワイズユース＆コンパクトライフ」の考え方で再構築を図るものである。

　このために、次のような視点で都市計画等諸制度の抜本的な見直しを行い、それぞれの市町村の個性を活かしたそれぞれの「ワイズユース＆コンパクトライフ都市」の構築を目指すのである。

❶市町村が都市計画制度の計画・運用主体に

　市民や事業者に日常的に接している市町村[9]が責任を持って、都市全体の土地利用マネジメントを行う体制に改める。市街地の拡大は抑制し、中心部へのコンパクト化を進め、アフターコロナ時代のサテライトオフィス、スマート工場、植物工場、農家ホテルなどの新たなニーズを柔軟に受け止め、迅速に実現化する。

　ただし、生活圏の広域化や小規模自治体の存在を考慮し、市町村を超えた生活圏域でマネジメントする仕組みを含める。

　市町村が市民とともにまちを創り直すために、国や都道府県は積極的に支援する。

❷市町村の区域全域を対象に

　現行都市計画制度でも市町村全域を対象に市町村都市計画マスタープランが策定されている。都市計画制度を拡充し、市町村全域を対象に実効性を高め、総合的に最適な土地利用マネジメントを行う。縦割り行政を排し、「都市計画とは都市全体の計画である」ことを明確にする。優良農地や生産林はフル活用を行う。国立・国定公園や県立自然公園における自然と調和した土地活用も市町村の意向を最大限に反映する。結果的に、現状では

あちこちで放置、荒廃が進んでいる国土全体の土地利用マネジメントを適正に行うこととなる。

❸公共の福祉の優先、計画に従った適正な土地利用

　土地は、現在及び将来における国民のための限られた貴重な財産であり、「土地基本法」に掲げられているように、公共の福祉を優先させる。このために、都市全体を対象に都市計画マスタープランやゾーニングを定め、それに従って適正に利用するものとする。中心市街地の空き地や優良農地における耕作放棄地を放置せずに、公共の福祉のために官民連携して最大限活用することに努める。

❹持続可能な都市の構築を

　国連で定められた持続可能な開発目標（SDGs）[10]に基づき、経済・社会・環境が両立し、多様なステークホルダーとの連携を図り、地域の総意で、地域の課題解決を図るまちづくりを進める。市民がわがまちの未来や土地利用にもっと関心を持ち、自分たちが関わってまちを良くする活動を日本の至る所で始めていく必要がある。もはや大きな開発は必要でなく、空き地や公共施設の有効活用やまちなみの保全や緑の整備など小さな活動を積み重ねることが大切である。

　また、都市の防災性の強化を図るために、災害の発生可能性の高い地域については居住制限や建築物の防災性の強化、集団移転なども市民とともに進めていかなければいけない。

❺歴史的まちなみや独特の景観を活かす

　古いものを徒らに壊したり、建て替えたりする発想をやめ、町家、寺社、歴史的建造物、まちなみや巨木など地域独特の景観を活かしながら、風土やデザイン性を重視し、都市の個性と魅力を高める。農地や森林地も地域の独特な景観を構成している。きれいに整備され稲穂が輝く棚田やよく手入れされたヒノキ林は地域の宝である。これは市民プライドの醸成だけでなく、外国人旅行客を地方都市に呼び込む上でも重要なことである。

❻都市のデジタルシフトに対応する

コロナ禍で外出自粛とマイカー利用への転換により公共バスの経営が一気に悪化した。既に地方では、民営バスの多くは撤退し、公的資金を投入して公共バスを維持している状況である。バス運転手の確保も容易でない。今のままの状況で維持することは不可能である。都市全体のデジタル化が進展すれば、居住誘導地区を対象にきめ細かくデマンド型での自動運転ミニバスを動かすことも可能である。

公共施設や商業施設等に顔モニターと体温を感知する設備を配置すれば、アプリで体温が高い方に注意を促すとともに、万一感染症を発症した場合にどこで誰と接触したかを把握することも可能である。急な災害時には、迅速に避難所の情報を提供し、避難者と避難所をマッチングすることも可能である。

景観と防災に配慮しながら再生可能エネルギーの発電設備を都市全域に展開し、蓄電装置や電気自動車の導入を積極的に図り、都市全体のエネルギーの地産地消を推進する。

これらは一例であるが、人口減少社会においてもデジタル技術を活用すれば、今以上に効率的で質の高い公共サービスを提供することは可能である。

6 都市計画制度に関する 717 市町村アンケート調査から
──小規模自治体ほど高い改革への期待──

市町村が市域全体を対象に、都市計画制度の計画・運用主体になるということに対してどう考えるのだろうか。2020 年 6 〜 7 月に、独自に人口 1万人以上の全国市町村の都市計画担当課に対して、「成熟社会の新たな都市計画制度に関するアンケート調査」を実施し、貴重な意見をいただいた。[11]結果の概要は次のとおりである。そこからは権限委譲に対する期待と不安が読み取れる。

❶生活圏と合っていない都市計画区域設定

回答市町村（717 市町村）の都市計画区域の状況を見ると、1 広域都市

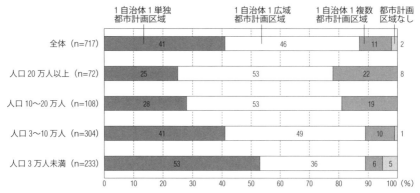

図 4-13　対象市町村の都市計画区域の状況

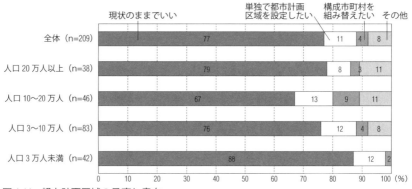

図 4-14　都市計画区域の見直し意向

計画区域に属している市町村が 46％と多いが、単独で都市計画区域を構成している市町村も 41％ある。人口 3 万人未満の市町村では単独設定が 53％と最も多い。本来、都市計画区域は、生活圏を念頭に広域で設定することが望ましいが実態は必ずしもそうなっていない。

❷都市計画区域の見直し意向―広域での区域設定を支持する意見が多数

　「1 自治体 1 広域都市計画区域」または「1 自治体複数都市計画区域」の市町村に対して、都市計画区域の見直し意向を確認したが、77％の市町村は現状維持を望ましいと回答した。単独での設定を希望する市町村は 11％に留まった。このまま現状通り、広域での都市計画区域での設定に必要性を感じているという意見が多かった。

❸ 20年後に深刻となる土地利用上の課題
──市全域の土地利用マネジメントの必要性が浮き彫りに

　20年後（2040年）に深刻となる土地利用上の課題については人口規模でやや違いが見える。人口10万人以上の市町村で大きな課題としてあげられたのは、「中心市街地商業地域の空洞化」、「中心市街地の人口減少、高齢化の進展、空き家・空き地の増加」、「郊外市街地の人口減少、高齢化の進展、空き家・空き地の増加」、「バスなど公共交通の維持困難」、「都市インフラの老朽化と更新の遅れ」である。「平地農村部の人口減少、高齢化の進展、空き家の増加」、「中山間地の人口減少、高齢化の進展、空き

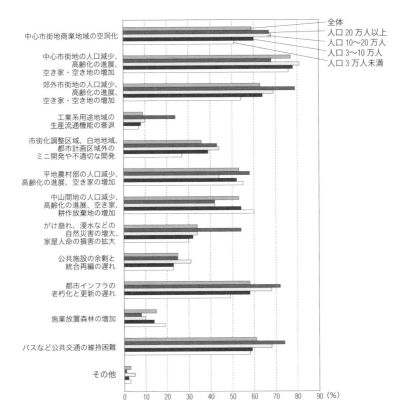

図 4-15　20年後に深刻となる土地利用上の課題

家・耕作放棄地の増加」についてはすべての市町村で課題と認識されている。「がけ崩れ、浸水などの自然災害の増大、家屋人命の損害の拡大」は特に人口20万人以上の市で深刻な課題になると認識されている。

　その他の課題としては、「中高層マンションの老朽化」、「森林伐採による太陽光発電の整備による自然災害の懸念」があげられた。

　市街地のみならず市町村全域についての土地利用マネジメントの必要性が浮き彫りにされたと言えよう。

❹都市計画法・農地法に関する権限──小規模自治体ほど権限移譲を希望

　こうした課題について、市町村はどの程度権限を行使し対応したいのであろうか。主な権限の委譲意向について確認してみた。

　都市計画区域の設定については、83％の市町村が現状通り都道府県が行

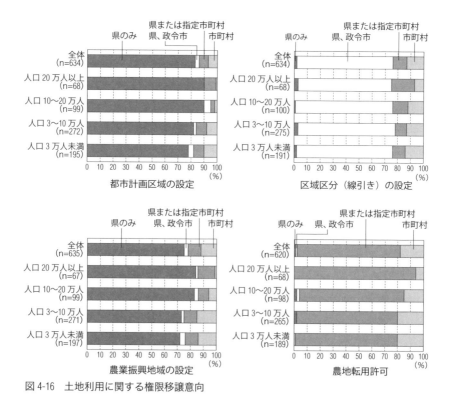

図4-16　土地利用に関する権限移譲意向

うべきと回答している。区域区分（線引き）については、74％の市町村が現状通り都道府県及び政令市が行うべきと回答しているが、24％の市町村が市町村への移譲（指定市町村を含む）希望がある。

農業振興地域の設定については、75％の市町村が現状通り都道府県が行うべきと回答しているが、都市化圧力の弱い人口10万人以下の市町村では、市町村への移譲（指定市町村を含む）の希望が高い。農地転用許可については、80％の市町村が現状通り県または指定市町村が適切であると回答しているが、人口10万人以下の市町村では、市町村への移譲の希望が高い。

❺都市計画の対象エリア意向——小規模自治体ほど市町村全域を希望

都市計画の対象エリアの意向については、アンケートの対象先が市町村の都市計画担当課であることも影響してか、77％の市町村が現状通りの

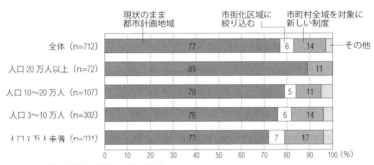

図 4-17　都市計画の対象エリア意向

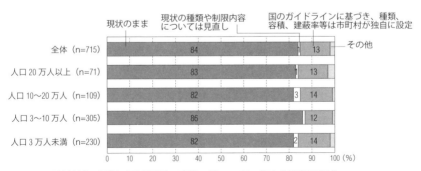

図 4-18　用途地域の種類、用途制限、容積・建ぺい率の指定権限移譲意向

都市計画区域でいいと回答した。市町村全域を対象に新しい制度を検討すべきと回答した市町村は、小規模自治体ほど高く、人口3万人以下市町村では17％であった。

❻用途地域の種類、用途制限、容積・建ぺい率の指定権限移譲意向
　——現状維持が多数

　用途地域に関する権限委譲意向については、現状のままでいいという市町村が84％と高い。一方、国のガイドラインに基づき市町村がその内容を独自に設定すべきと回答した市町村は13％であった。現状を変更することに対しては、手間がかかる、専門的な人材が不足しているとの声があった。

❼ほとんど活用されていない国土利用計画

　国土利用計画法に基づき、市町村全域を対象に土地利用計画の目標と方向性を明らかにする「国土利用計画市町村計画」を策定している市町村は27％、「市町村土地利用基本計画」を策定している市町村は5％にとどまった。策定時期も古いものが多い。

　国土利用計画の活用状況については、ほとんど機能していないと回答した市町村が39％で、あまり活用されていない。市町村全域を対象に、市町村都市計画マスタープランもあり、国土利用計画の位置づけは低い。

　国土利用計画を補完し、法的な効力を持たせる方法として、第4章の市

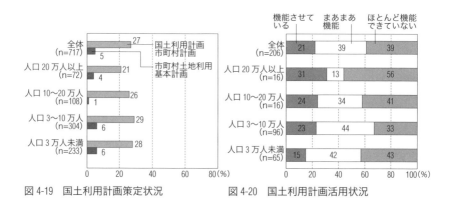

図 4-19　国土利用計画策定状況　　図 4-20　国土利用計画活用状況

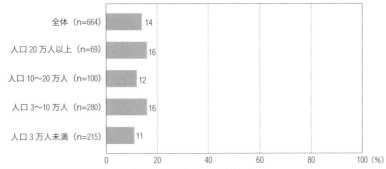

図 4-21　市町村全域を対象にした土地利用条例の策定状況

町村独自の都市計画制度構築の試みでも紹介したように、市町村全域を対象にした条例を策定することが考えられるが、策定済みと回答した市町村は14％に過ぎない。

❽成熟社会の新しい都市計画制度についての意見や助言

　筆者の考える新しい都市計画制度について市町村担当者から多くの意見や助言をいただいた。あるべき姿としては理解できるが、周辺市町村との調整、人材、財源、庁内体制、議会、市民や民間との調整の手間など多くの困難を指摘する声が多かった。いくつかの声を紹介したい。

・少子高齢化が進む中、今後人口規模の小さな市町村が、独自の権限を踏まえ、適切かつ安定した地方行政を継続していくためには、それらに関わる行政職員の人数やスタミナといった多くの課題があるものと感じております。これらの課題を踏まえ、<u>将来的には多くの市町村が生活圏を同じにする近隣地域間で連携し、広域的なマネジメントに基づくあらたな都市計画並びに土地利用計画の策定を踏まえ、具体的な取組みを進めていく方向が一つの着地点かと考えております</u>が、そうした場合、関連計画との整合を図り、円滑に進捗させていくためには、新たな市町村合併を視野に行政の一本化による総合計画や立地適正化計画の見直しなど進めていく必要性が感じられます。

・<u>現行の都市計画制度が、拡大する市街地をどのように抑制するかということを念頭において考えられている制度であるため、現在の人口減少社会に則したものになっていないことは明白であり、何らかの制度改革は必要である</u>とは思います。今回提案されている新たな都市計画制度については、市町村に権限を与えており、地方分権の推進が叫ばれている昨今の流れにはそったものとなっていると思います。しかしながら、そのデメリットとして、小さな社会における政治的影響が強くなるといったことが懸念されるところです。たとえば、圏域都市計画マスタープランを策定することになった段で、中心市等が取りまとめるとなった場合、

そのプランにそぐわない市町村が離脱するといった可能性やそもそも意見の集約が難しいのではないかと感じます。やはり、そこには都道府県といったある意味強制力をもったやり方でやらないと、地方社会の政治的な恣意的な運用がまかりとおるものとなってしまうことを危惧します。

・都市計画制度、農地制度、森林制度、土地利用制度を一元化することにより、総合的な土地利用計画を行えるようになることから土地利用やまちづくり政策を推進する体制の強化が図られる。また、各種相談にワンストップで対応が可能となることで利便性の向上が図られる。

・法令の抜本的な見直しを伴うことがお示しされているが、それ以前に官僚の意識の変革、中央省庁の地方への分散・移転が肝要と思われる。国（特に官僚）及び経済界（大企業）を変革させるパラダイムシフトというべき法令の改正が成し得られなければ、現実的には一部の人たちが提唱する空論とならないか、と懸念する。

・50 年前の高度成長期に制度設計された都市計画制度を見直す必要があると感じます。本市でも、本年 3 月 31 日に立地適正化計画を公表しましたが、根本的な改革にはまだほど遠く、効果も不透明です。この成熟社会の都市計画制度のように、新たな制度の提案は非常に有効なものだと感じました。

・市町村が都市計画制度運用の主体となり、都市計画に農地や森林を含めた総合的な土地利用行政に取り組めることから、現行制度に対して市町村が抱える課題の解決に資する制度案である。ただし、本案では都市計画等に関する諸制度の多くが廃止及び見直しとなるため、制度を支える行政内部の役割再編や新制度に対する職員教育等が必要となる一方で、それに見合った効果が得られるのかが現段階では不明であると感じた。

(注) 下線：筆者

　市町村アンケート調査を行ってさまざまな意見をいただいたが、印象的であったのは専門人材の少なさと庁内での位置づけの低さであった。都市計画は規制を行うため、庁内の他部署や市民からは規制を緩めるような圧力を常に感じながら少ない人員で業務を行っているのが現状だ。人口がこれからも増える、増やさなくてはいけないという呪縛に捉われ、都市計画部局でもジレンマを有している。新しい都市計画制度のあり方については詳細な点で多くの意見をいただいた。それも踏まえて、次章で制度設計案を示すこととする。

注

1 五十嵐敬喜、野口和雄、萩原淳司（2009）『都市計画法改正――「土地総有」の提言』（第一法規）

2 蓑原敬（2009）『地域主権で始まる本当の都市計画・まちづくり』（学芸出版社）

3 西村幸夫（2011）「近代日本都市計画の中間決算」『都市計画　根底から見なおし新たな挑戦へ』（蓑原敬編著、学芸出版社）

4 大西隆編著（2011）『人口減少時代の都市計画：まちづくりの制度と戦略』（学芸出版社、9章）

5 饗庭伸（2015）『都市をたたむ――人口減少時代をデザインする都市計画』（花伝社）

6 アール・アイ・エー顧問梅田勝也氏、筑波大学名誉教授大村謙二郎氏、芝浦工業大学水口俊典氏（いずれも当時）ほか民間有志7名で構成。

7 全国市長会（2017）『土地利用行政のあり方に関する研究会報告書』

8 安曇野市、伊豆市の事例は、国土交通省国土政策局（2018）国土利用計画（市町村計画）事例集、各市資料及びヒアリングを基に、桜川市の事例は市資料及びヒアリングを基に整理した。

9 東京23区については、都区制度の特殊性、都市地域のみであることなどからここでは議論しない。

10 SDGs（Sustainable Development Goals　持続可能な開発目標）とは、2015年9月の国連サミットで採択された「持続可能な開発のための2030アジェンダ」にて記載された2016年から2030年までの国際目標である。持続可能な世界を実現するための17のゴール・169のターゲットから構成されている。主に、⑪住み続けられるまちづくりを、⑬気候変動に具体的な対策を、⑮陸の豊かさも守ろう、⑰パートナーシップで目標を達成しよう、が該当する。

11 帰還困難地域市町村、東京23区、政令指定都市を除く1193市町村の都市計画担当課に送付し、717市町村から回答を得た（回答率60％）。

第5章

提言：アフターコロナ時代の都市計画制度
縦割り打破、地方分権による
土地利用マネジメント改革

　市町村からの意見も参考に、「ワイズユース＆コンパクトライフ都市」をめざすアフターコロナ時代の新たな都市計画制度について提言する。以下、最初に主なポイントをまとめ、その後、補足説明を行う。

⑴計画主体と広域調整──市町村を決定主体に

- ・新たな都市計画制度の決定主体は市町村とする。
- ・複数市町村で設定されている既存の都市計画区域は一旦廃止した上で、改めて圏域を定めるものとする。圏域の設定は、これまでの経緯や客観的な指標を用いて生活圏という視点で総合的に検討し、都道府県が案を示し、市町村と協議し合意を得て都道府県が定めるものとする。なお、単独の生活圏を有しているなど1自治体1圏域の所もありうる。
- ・圏域自治体では、圏域都市計画基本方針を定めた上で各市町村が都市計画マスタープランを策定する。なお、圏域全体として圏域都市計画マスタープランを定めることも可能とし、圏域都市計画マスタープランを定めた場合は、市町村ごとの都市計画マスタープランの策定を任意（地域別構想は必須）とする。
- ・圏域に関わらず、複数の市町村にかかる風致地区、特別緑地保全地区、自然環境保全地域、自然公園等については、関係市町村が共同で定めるものとする。
- ・都道府県都市計画マスタープラン、広域的都市施設の決定主体は都道府県とする。広域的都市施設は、国・都道府県管理の道路、公園、

供給処理施設、河川等である。

　都市計画制度の決定権限をどうするかは制度運用の肝である。2000年以降の地方分権の流れの中で、市町村に権限が徐々に委譲されてきた。しかしながら、根本となる市街化区域と市街化調整区域の線引きは政令指定都市にまでにしか委譲されていない。すべての市町村に土地利用に関連する決定権限を持たせ、都市、農地、森林を含めた市町村全域の土地利用計画を策定、実行できるようにすべきである。

　しかしながら、人口規模（2020年4月現在）[1]でみると、市町村といっても最大の横浜市（375万人）から最小の青ヶ島村（175人）まで相当幅がある。人口5千人以下の小規模市町村も283ある。同一の生活圏を構成しており、一体的に考えないと適正な土地利用行政が進められない地域もあろう。また、事務の手間や専門職員の確保の点から単独で制度を運用するよりも近隣の自治体と共同で運用を行いたいという希望もあろう。これまでも問題になっていたように、隣接している市町村内に広域的な集客施設などが立地し適正な土地利用が図れないなどの問題を回避する必要もある。住民の居住地選択や日常的な行動は市町村を超えており、都市計画に関しては広域的な視点が欠かせない。現状の都市計画区域の設定は都道府県によってさまざまである。大阪府（3広域圏）や愛知県（6広域圏）のように広域性を重視している所もあれば、大分県、石川県のようにほとんどが1市町村1都市計画区域の所もある。また広域合併の経緯から1市町村で複数の都市計画区域に属している市町村も目に付く。客観的な指標を用い、生活圏という視点で見直すことが必要である。

　既に、連携中枢都市圏（政令市、中核市を中心市とする圏域）、定住自立圏（人口5万人以上の都市を中心市とする圏域）や一部事務組合、広域立地適正化計画の作成、市町村合併に向けた研究等の取組を通じて、気脈を通じている地域もある。圏域の設定に関しては、歴史文化的な経緯、地形、昼夜間人口比率、通勤通学人口流動状況、定住自立圏等の指定状況、

（圏域都市計画マスタープランを作成する場合）

図 5-1　圏域都市計画方針の位置づけ

既存の都市計画区域、広域立地適正化計画策定状況などを勘案し、都道府県が案を示し、市町村と協議を行い、市町村の意向を尊重し、都道府県が決定することが適当である。地理的状況等により1圏域1自治体の場合も生ずるだろう。

　圏域市町村は圏域都市計画基本方針（もしくはマスタープラン）を定めた上で、連携して土地利用行政を進めることとなる。単に都市計画を連携して行うということではなく、デジタル化を含めたスマートシティを同じ生活圏で共同で実現することが望まれる。

　圏域都市計画基本方針は、計画人口、圏域でめざすべき都市像、広域中心拠点、地域中心拠点、都市地域の範囲、都市機能誘導地域や居住誘導地域設定の方針、ゾーニングの方針、圏域交通ネットワークの方針、圏域連携体制の方針などを定める。屋上屋を重ねないためには、圏域都市計画マスタープランを定めた自治体は、市町村ごとの都市計画マスタープランの策定を任意（地域別構想は必須）とすることが望まれる。

　自治体間の共同の方法としては、表5-1のような例が想定される。核となる都市がない地域での共同での検討に際しては都道府県の支援が期待

表 5-1　土地利用制度運用に関する自治体連携の方法例

対象自治体	概要	計画策定	運用
連携中枢都市圏構成自治体	・地方圏において、昼夜間人口比率概ね1以上の指定都市・中核市と、社会的、経済的に一体性を有する近隣市町村で構成する都市圏 36圏域（延べ325市町村）（2020.4現在）	・連携協約に追加し、計画策定委員会を設置し、中心市が中心となって共同で「圏域都市計画方針（マスタープラン）」を策定。 ・「圏域都市計画方針（マスタープラン）」に基づき、各市町村で地域地区、都市施設、開発事業、地区計画などを策定。	・各市町村で制度を運用。ただし、中心市に都市計画関連業務の一部を委託することも可能とする。 ・広域に影響を与える可能性のある開発事業や農地転用等については、協議組織の承認を必要とする。
定住自立圏構成自治体	・地方圏において、昼夜間人口比率概ね1以上で、人口5万人程度以上の中心市と、社会的、経済的に一体性を有する近隣市町村で構成する都市圏 128圏域（延べ535市町村）（2020.10現在）	・定住自立圏形成協定に追加し、計画策定委員会を設置し、中心市が中心となって共同で「圏域都市計画基本方針（マスタープラン）」を策定。 ・「圏域都市計画基本方針（マスタープラン）」に基づき、各市町村で地域地区、都市施設、開発事業、地区計画などを策定。	・各市町村で制度を運用。ただし、中心市に都市計画関連業務の一部を委託することも可能とする。 ・広域に影響を与える可能性のある開発事業や農地転用等については、協議会の承認を必要とする。
核となる都市がない地域の自治体	・同等の規模の自治体が隣接しているなど核となる都市がないエリアであるが、共同で土地利用政策を検討することが望まれる場合	・市町村間で協議組織を設置し、共同で「圏域都市計画基本方針（マスタープラン）」を策定。 ・「圏域都市計画基本方針（マスタープラン）」に基づき、各市町村で地域地区、都市施設、開発事業、地区計画などを策定。	・各市町村で制度を運用。 ・広域に影響を与える可能性のある開発事業や農地転用等については、協議組織の承認を必要とする。 ・必要に応じて、都道府県の支援を求める。

される。

(2)対象区域——市町村全域に

・新たな都市計画制度の対象区域は、市町村の全域とする。

　一元的な土地利用行政を実現するために、新たな都市計画制度の対象区域は農業、森林、自然保全地域等も含めた市町村の全域とする。結果的には国土全域となる。既存の都市計画マスタープランは市町村の全域を対象として策定しており、市町村にとってあまり違和感はないだろう。

⑶全国一元的に「土地利用データマップ」の構築を

> ・計画策定に必要な情報については、全国一元的に地図ベースで整備
> し、国民に広くインターネットを通じて提供する。

　現状の土地利用に関する基礎情報は、行政機関だけでなく、国民や事業
者に広く周知し、最適な土地利用の実現に向けて活用されるべきである。
災害リスク情報については、「国土交通省ハザードマップポータルサイト」
として整備され、住所等を入力すると誰でもが希望する地域の状況を閲覧、
印刷できるようになっており非常に使いやすい形で情報が提供されている。
土地利用データについても、同様に国が主導し「土地利用データマップポ
ータルサイト」（仮称）として整備し、全国一元的に誰もが検索、閲覧、
印刷できるようにすることが望まれる。現在、都市計画基礎調査の情報の
オープン化が進められているが、このような形で活用していくことが望ま
れる。

　ポータルサイトに掲載することが望まれる情報は表5-2のとおりであ
る。後述する市町村都市計画マスタープランは、土地利用データマップを
十分に活用して策定することとなる。

表5-2　「土地利用データマップポータルサイト」（仮称）への掲載情報例

区分	情報	情報源
基本	行政界	
	航空写真	
	主要公共施設（庁舎、小中学校、基幹都市公園、警察署、消防署等）	
	主要道路（高速道路、国道、県道、幹線市町村道、等）	
	鉄道	
	主要河川（1級、2級河川、等）	
	港湾	
災害リスク	災害危険区域	国土交通省ハザードマップポータルサイト
	洪水浸水想定区域	
	津波浸水想定	
	土砂災害警戒区域	
	地すべり等防止区域	
	急傾斜地崩壊危険区域	
	火山被害警戒地域	

区分	情報	情報源
都市	土地利用現況	都市計画基礎調査、等
	建物利用現況	
	建ぺい率、容積率現況	
	大規模小売店舗	
	都市機能誘導地区、居住誘導地区	
	下水道整備計画区域、整備済区域	
	人口集中地区	国土交通省「国土数値情報ダウンロードサービス」
	小学校区	
	景観地区	
	歴史的風土保存地区	
	伝統的建造物群保存地区	
農地	農業振興地域、農用地区域、甲種農地、1種農地	
	農業基盤整備事業実施地区	
森林	国有林	
	保安林	
自然環境	自然公園地域	
	自然保全地域	
	鳥獣保護区	
地域資源	世界遺産	
	周知の埋蔵文化財包蔵地	遺跡地図
都市計画	ゾーニング	市町村都市計画ホームページにリンク
	ゾーン別開発基準	
	都市機能誘導区域、居住誘導区域	

表 5-3　土地利用データマップの活用方向

利用目的	概要	想定利用者
都市計画マスタープランの作成	・将来都市構造、ゾーニングの検討等に活用する。	市町村、住民
不動産開発	・住宅、商業、レジャー等不動産開発を行う際の地域情報を得る。	不動産会社、建設会社、地権者
施設立地	・店舗や福祉施設等の新規立地を行う際の地域情報を得る。	事業会社
移住・居住選好	・居住地を選択する際の地域情報を得る。	消費者
農業参入	・民間企業等が農業参入を行う際の地域情報を得る。	事業会社

　土地利用データマップは、都市計画マスタープラン策定への活用はもちろんのこと、さまざまな活用が考えられ、地域の情報を知り、各種分析を行うための基本マップとなる。

⑷国土利用計画・総合計画を「市町村都市マスタープラン」に一本化

> ・市町村都市計画マスタープランは、土地利用行政に責任を有する市町村が、生活の質の向上、農地や森林の保全活用をめざし、市民の意見を反映し、創意工夫の下に、市町村のまちづくりの将来像、都市構造を描き、分野別のまちづくりの方針を示すものである。ここでは将来の人口減少に対応して、コンパクトなまちづくりの考えを明示しなければならない。
> 　　　□市町村としてのまちづくり将来像、都市構造
> 　　　□分野別まちづくりの方針（ゾーニングを含む）
> 　　　□地域別構想（あるべき地域像、実施されるべき施策など）
> ・市町村都市計画マスタープランの目標は概ね 20 年後とし、5 年ごとに見直すことが望ましい。

　市町村都市計画マスタープランは、実現したいまちづくりの羅針盤である。都市計画区域を有する市町村では既に市町村域全域を対象に都市計画法第 18 条の 2 に基づき作成しているが、新たな制度に基づき作成し直すこととなる。なお、国土利用計画制度は廃止し、都市計画制度に一元化することが望ましい。

　人口が減少し、高齢者の急速な増加が見込まれる中では、コンパクトなまちを形成することが重要となっている。本マスタープランは、市町村立地適正化計画の上位計画になるもので、拠点における都市機能や居住の集約、これと連携した公共交通のネットワークを盛り込むなど、コンパクトな市街地に向けた対応について立地適正化基本方針として明確化することが必要である。また、農地、森林地の保全、活用に向けての指針にもなるものである。なお、都市計画マスタープランと立地適正化計画を一体的に策定することも可能とすることが望ましい。

　市町村都市計画マスタープランで目標とする人口は、市町村人口ビジョンや総合計画での目標人口と一致させる必要がある。

　総合計画は「地方自治法の一部を改正する法律」が 2011 年 8 月 1 日に

施行され、基本構想の策定を義務付けていた規定が廃止された。その後も策定を続けている市町村が多いが、基本構想部分は都市計画マスタープランに一本化し、別途、市町村経営戦略計画のような形で主要事業を位置づけることも検討される。前述したように、イギリス、アメリカの自治体ではマスタープランは一本化されている。市町村がそれぞれどうするかを検討すればいいだろう。

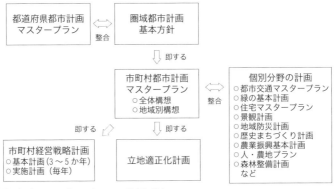

図 5-2　市町村都市計画マスタープランの位置づけ

市町村都市計画マスタープランの記述は、説明文と図面で構成される。主な構成は次のとおりであるが、市町村それぞれで創意工夫を図るものとする。

1. 計画の基本的事項
2. 市町村のまちづくりの課題
3. 全体構想
1) 目指すべきまちの将来像
  ⑴ まちづくりの基本理念と目標
  ⑵ 将来の都市構造のあり方（立地適正化基本方針を含む）
2) まちづくりの方針
  ⑴ 土地利用に関する方針（ゾーニング、ゾーン別開発基準を含む）
  ⑵ 公共交通・道路に関する方針
  ⑶ 公園・緑地に関する方針
  ⑷ 都市施設に関する方針
  ⑸ 市街地・産業環境に関する方針
  ⑹ 歴史文化資産、景観形成に関する方針
  ⑺ 農地・農村環境に関する方針
  ⑻ 森林に関する方針
  ⑼ 自然的環境に関する方針
  ⑽ 自然災害に対する防災・減災に関する方針
4. 地域別構想
5. 実現化の方策

図 5-3 市町村都市計画マスタープランの構成例

⑸市町村都市計画マスタープラン地域別構想

・地域別構想で対象とする地域は、市町村内の小、中学校区や支所区域など地形等の自然的条件、沿革、土地利用の状況、幹線道路等の交通軸、日常生活上の交流の範囲等を考慮し、地域像を描き施策を位置付ける上で適切なまとまりのある空間の範囲とする。
・地域別構想では、住民や事業者、農業生産者、林業従事者など地域の未来に関わる多様な関係者、専門家の参画を得て、地域の将来像、都市構造、土地利用を明らかにする。空き家や空き地、耕作放棄地、施業放棄森林などに対する対策を盛り込む。

地域別構想は、住民や事業者、農業生産者、林業従事者などが地域のまちづくりを自分達ごととして考えるために重要な手段である。今後、人口

減少、高齢化が進展する中で、空き家や空き地、耕作放棄地、施業放棄森林などが急激に増加することが予想される。「低未利用地土地権利設定等促進計画制度」[2]等の活用による低未利用地の集約化と広場、緑地、農地など市民の共有地としての利用、民間開発の誘導、特に居住誘導区域外における都市内農地の保全利活用、優良農地における農業の担い手の集約化、森林経営計画を睨んだ民有林の管理の集約化なども議論すべきである。また、頻発する自然災害に対応して、居住制限、集約化、防災対策、避難場所をどうするかも議論すべきである。

　地域別構想は、具体的な地区の整備や地区計画のマスタープランとなるものである。

(6)線引きは廃止し、市町村が独自にゾーニングを設定

> ・都市計画区域、市街化区域と市街化調整区域を区分するいわゆる線引き制度については廃止し、新たに市町村全域を対象に、市町村が独自にゾーニングを定め、市町村都市計画マスタープランで定めた望ましいまちの将来像の実現をめざす。
> ・市町村はゾーン別に望ましい用途、容積率、最低敷地規模、高さ、形態、色調等の開発基準を示す。

　既存の都市計画区域、線引き制度を一旦廃止した上で、市町村は、市町村全域をゾーニングし、市民や事業者とともにゾーニングに沿った適切な利用や低未利用地の活用を進め、適正な土地利用を実現する責任を負うものとする。ゾーニングはコンパクトなまちづくりの重要な手段であり、ゾーニングにおける開発基準は、後述する都市計画基本法に位置づけ、用途地域と同様に、法的に順守を求める。

　国土利用計画制度は廃止するが、都市、農業、森林、自然公園、自然保全地域という国土利用計画上の区分は活用する。ここで、都市地域は市街化区域もしくは未線引き都市計画区域内の用途地域をいう。

各地域内のゾーニングの例を示すと表5-4のとおりである。全国統一でなく、それぞれの市町村の現状に合わせて独自に設定することを可能とする。立地適正化計画との連動を意識し、この例では拠点市街地ゾーンは都市機能誘導地域、中高層市街地ゾーンと準拠点市街地ゾーンは居住誘導

表5-4 都市計画ゾーニング例

地域区分	ゾーニング	概要	主な既存用途地域等
都市地域	拠点市街地ゾーン	・市町村（圏域）の拠点となるエリア。商業、業務、居住、高次都市機能の集積を図る。低未利用地の利用を促進。都市機能誘導地域に相当。	商業、近隣商業、第1種・第2種中高層住居専用地域、高度地区、特定街区、高度利用地区
	準拠点市街地ゾーン	・地域の生活拠点となるエリア。近隣商業、居住、地域都市機能の集積を図る。	近隣商業、第1種・第2種中高層住居専用地域、第1種・第2種住居地域
	中高層市街地ゾーン	・主に中高層住宅の誘導を図るエリア。居住誘導地域に相当。	近隣商業、第1種・第2種中高層住居専用地域、第1種・第2種住居地域、準住居地域
	沿道市街地ゾーン	・幹線道路沿いで主に商業、中高層住宅の誘導を図るエリア。	
	低層市街地ゾーン	・主に低層住宅の誘導を図るエリア。強雨誘導地域に相当。	第1種・第2種住居地域、準住居、準工業地域
	緑住市街地ゾーン	・農地や緑地が混在し、主に低層住宅で形成されるエリア。	第1種・第2種住居地域、準住居、田園居住地域
	歴史的まちなみ保全ゾーン	・都市地域の城下町、宿場町、門前町など歴史的まちなみが連担しており、保全、利活用を図るエリア。	
	工業・流通市街地ゾーン	・工場、流通センター、倉庫などの誘導、維持を図るエリア。	準工業、工業、工業専用地域
農業地域	集落居住ゾーン	・農村集落及び周辺農地を含むエリア。	
	農地保全活用ゾーン	・農地としてフル活用を図り、農業の維持、強化、6次産業化の推進を図るエリア。	農用地、甲種農地、第1種農地
	農村環境ゾーン	・中山間地等において、農村と周辺田園環境の保全を図るエリア。文化的景観も含む。	
森林地域	森林保養ゾーン	・ホテル、別荘、観光施設など森林環境の保全、活用を図るエリア。	
	森林生産ゾーン	・国有林や森林経営計画対象民有林など林業経営を推進するエリア。	
	森林環境保全ゾーン	・保安林や自然林など森林環境の保全を図るエリア。	
自然公園地域	自然公園ゾーン	・国立、国定、都道府県立自然公園	
自然保全地域	自然保全ゾーン	・原生自然環境保全、自然環境保全、都道府県自然環境保全地域	

地域に位置づけることが想定される。

　農業地域においては、コンパクトなまちづくりの観点から、今後の農業の成長産業化に重要な農用地区域及びそれに準じる優良農地（甲種、第1種農地相当）[3] においては、商業利用や住宅、資材置き場等への転用を一切認めない一方で、農業生産の拡大や6次産業化に資する植物工場、野菜カット工場、バイオプラント施設、農産物加工物流施設、農産物直売所、農家レストラン、農家民宿（民泊も含む）などの立地は市町村の政策に基づき、建設可能とすることが検討される。

　既存の地域地区についても廃止し、市町村（もしくは圏域）はそれぞれ独自に新たにゾーン別に用途、容積、建ぺい率、敷地規模（最低もしくは最大）、最大床面積、高さ、形態等の開発基準を定めるものとする。すなわち、建築物への用途規制、斜線制限・日影規制等、建築物の高さに関する制限、容積率・建ぺい率、接道義務、排水に関する規定、景観に関する規定など建築基準法のいわゆる集団規定は廃止し、ゾーン別開発基準に盛り込むこととなる。新たなゾーニングの制定については、既存の建ぺい率、容積率、建物用途の状況などの調査を必要とするので、十分な期間を定めて移行することが適切である。都市地域においては、問題がなければ現在の用途地域を活用することも可能である。

　また、建築確認申請については一定規模以下の床面積の建築物の場合、都市地域以外では必要としない等の措置が必要である。なお、移行時は混乱がないように、都市地域は現行の市街化区域または未線引き用途地域の区域内とすることが検討される。

　イメージを示すと表5-5のとおりである。近年、全国各地で浸水やがけ崩れの被害が多発している。この例で示す「防災調整ゾーン」は他のゾーンと重複し、建築制限や防災措置を求めるものである。各市町村で検討してほしい。

表 5-5　ゾーン別開発基準のイメージ

地域区分	ゾーニング	住宅系	産業系	建ぺい率、容積率、高さ等
都市	拠点市街地ゾーン	住宅・共同住宅・寄宿舎・下宿	○店舗・事務所・工場・倉庫・宿泊施設・遊興施設・公共公益施設	地域の実態に応じて設定
	準拠点市街地ゾーン			
	中高層市街地ゾーン		○店舗・事務所・工場・倉庫・宿泊施設・地域公共公益施設	
	低層市街地ゾーン		○店舗・事務所・工場・倉庫 ・床面積 300㎡以下 ○地域公共公益施設 ○太陽光発電施設 ・敷地面積 200㎡以下	地域の実態に応じて設定
	緑住市街地ゾーン		○店舗・事務所・工場・倉庫 ・床面積 200㎡以下 ○地域公共公益施設 ○太陽光発電施設 ・敷地面積 1000㎡以下	建ぺい率 60%、容積率 100%
	歴史的まちなみ保全ゾーン	住宅	住宅に付随するもの	木造民家の保全利用、修景高さ 10m 以下
	工業・流通市街地ゾーン	不可	○工場・倉庫	地域の実態に応じて設定
	防災調整ゾーン（他のゾーンとの重複指定）	レッドゾーン：不可　イエローゾーン：床高を浸水想定高以上にすること		
農業	集落居住ゾーン	○戸建て住宅 ・敷地面積 300㎡以上 ・既存集落に隣接 ・高さ 10m 以下	○店舗・事務所・工場・倉庫 ・床面積 200㎡以下 ○地域公共公益施設 ○太陽光発電施設 ・敷地面積 200㎡以下 ○直売所、農家レストラン、農家民宿等	建ぺい率 60%、容積率 100%
	農地保全活用ゾーン	不可	○農業用施設、植物工場、食品加工施設、直売所等	建ぺい率 60%、容積率 100%
	農村環境ゾーン	○戸建て住宅 ・敷地面積 3000㎡以上 ・開発事業面積 1000㎡以下 ・高さ 10m 以下	○観光や保養を目的とした店舗、宿泊施設、温浴施設等 ○地域公共公益施設 ○太陽光発電施設 ・敷地面積 1000㎡以下	建ぺい率 60%、容積率 100%
森林	森林保養ゾーン	○戸建て住宅 ・敷地面積 500㎡以上 ○保養所 ・敷地面積 3000㎡以下	○観光や保養を目的とした店舗、宿泊施設、温浴施設等 ○地域公共公益施設	建ぺい率 40%、容積率 60% 高さ 10m 以下
	森林生産ゾーン	不可	○林業用施設、製材所、バイオ発電施設等	建ぺい率 40%、容積率 60%
	森林環境保全ゾーン	不可	○林業用施設、製材所、バイオ発電施設 ○太陽光発電施設敷地面積 1000㎡以下	建ぺい率 40%、容積率 60%
自然公園	自然公園ゾーン（特別地域 2 種・3 種、普通地域）	○戸建て住宅 ・敷地面積 500㎡以上 ○保養所 ・敷地面積 3000㎡以下	○観光や保養を目的とした店舗、宿泊施設、温浴施設等	建ぺい率 40%、容積率 60%
自然保全	自然保全ゾーン	不可	不可	

（注）既存施設は除く

⑺地域別構想にもとづき地区計画を推進

> ・市町村都市計画マスタープラン地域別構想に基づき、積極的に地区計画を推進する。地区計画では、地域内の小さな区域において、より詳細に用途、容積、最低敷地規模、高さ、形態、色調等を市民参加を通じて定めるものである。

　地区計画は、生活に身近な地区において、市民が主体となってまちづくりの実現を図る重要な手段である。地域別構想をより具現化し、空き地や空き家、十分に活用されていない公園などを生活の質の向上にどう活用するかを考えるいいきっかけになる。市町村はその策定にあたって情報の提供や助言、財政支援など積極的に関与し、地区計画が都市地域全域に広がっていくことが望まれる。

　桜川市の事例にあったように、農村集落をまとめて同時に指定することも検討されよう。なお、コンパクトなまちづくりの観点から農業地域においては、事業者が主導する住宅団地の立地を誘導するような地区計画は抑制するようにゾーン別開発基準に盛り込むことが望ましい。

⑻10年以内に着手できない計画決定済都市施設は廃止

> ・都市施設は、主に都市地域を対象にし、都市基盤に関連する施設である。交通施設（道路、鉄道、駐車場など）、公共空地（公園、緑地など）、供給・処理施設（上水道、下水道、ごみ焼却場など）、河川及び防水、防砂、防潮施設、一団地の防災拠点市街地等が該当する。
> ・計画決定から20年以上経過した都市施設は改めて抜本見直しを行い、その後10年以内に着手できない場合は原則廃止とする。
> ・都市施設を新たに計画決定する場合は、計画決定後10年以内の着手を原則とする。10年以内に着手できない場合は廃止とし、必要な場合は改めて計画決定手続きから始めることとする。

1. 交通施設（道路、鉄道、駐車場など）
2. 公共空地（公園、緑地など）
3. 供給・処理施設（上水道、下水道、ごみ焼却場など）
4. 河川及び防水、防砂、防潮施設
5. 一団地の防災拠点市街地

図 5-4　都市施設の例

　都市施設は相当程度整備が進んでおり、今後の人口減少と財政制約を考慮すると、都市施設の新設、拡張は抑制し、既存の都市施設の維持管理に重点をシフトする必要がある。現状の都市施設の範囲は広く、整備ニーズが小さくなっているのもあり、対象を都市基盤に関連するものに絞りこむべきである。例を示すと図 5–4 のとおりである。都市施設は主に都市地域を対象にするものであるが、河川や防災施設など上流部での整備が必要なもの、道路など市町村域全域に係るものも対象に含めることを可能とする。

　現行の都市計画施設については、県、市町村で見直しが進んでいるものの、未だに計画決定から 20 年以上経っており、未着手のものも存在する。これまでも見直しを行っているが、改めて抜本見直しを行うべきである。事業着手できないものについては、10 年という年限を定め、計画決定が自動的に廃止される仕組みを取り入れ、計画決定の重要性と事業の実現性を高めることが望ましい。

⑼市町村は予め開発許可ガイドラインを策定公表する

・市町村は、ゾーン別に定めた開発基準にない開発行為（特定開発事業と呼ぶ）と地区計画について個別審査を行う。審査は、説明会の開催、市町村土地利用審議会（後述）による審議、首長の認定等の手順で進める。一定規模以上の開発行為については、都道府県開発審査会の審議を必要とするなど広域的な視点での検討も必要である。
・市町村は、開発事業の手続き、技術的基準を定めた「開発許可ガイドライン」をあらかじめ策定、公表しなければならない。

市町村都市計画マスタープランは概ね20年後の適切な土地利用を実現するために策定されるいわば市町村の土地利用の憲法であり、原則的にはゾーン別開発基準に従って新規開発や建築を誘導する。

　しかしながら、地域や産業の発展のためにどうしても必要とされる場合には、市民の合意、第3者委員会となる土地利用審議会（後述）での審議を経て、ゾーン別開発基準に規定のない開発事業について首長が許可できるようにする。圏域都市計画マスタープランを策定している場合、圏域の市町村長の合意を得る必要がある。市町村はそのための手続き、技術的基準を明確にし、公開する必要がある。なお、都市地域外での一定規模以上の開発については、広域的な影響を与えるので、都道府県開発審査会での審議を必要とするなどの措置を盛り込むことが適切である。また、安曇野市の例のように、適正な土地利用を担保するために、開発基準に適合している開発案件についても土地利用審議会での審議を求めることも検討される。

　開発事業及び地区計画の手続きの流れを整理すると図5-5のとおりである。

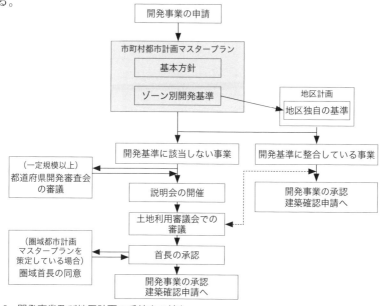

図5-5　開発事業及び地区計画の手続きの流れ

(10)優良農地を保全し農業を強化するゾーニング

> ・今後とも保全すべきまとまった優良農地（農用地、甲種農地、第1
> 種農地等）は、農地保全活用ゾーンとして明確化し、農業関連施設
> （農業用施設、植物工場、食品加工施設、直売所等農業関連施設）以
> 外への転用は認めず、農地の保全、農業の強化を図る。農地中間管
> 理機構などを活用し、民間企業の参入も促し、担い手への集積率
> 100％化をめざし、集約・大区画化、園芸作物の導入、農業ICT化
> の推進、植物工場などにより生産性の向上、輸出基地化を図る。
> ・農業集落と一体となった農地については、集落居住ゾーンとして、
> 今後とも生活生業の場として維持する。また、農業集落においては
> 積極的に地区計画等を活用し、今後増加することが予想される空き
> 家となる農家と農地をセットで活用し、新規就農者の参入を促す。

　新制度の導入により、我が国の農業、農地をこれ以上衰退させることは
あってはならない。むしろ園芸作物の自給率の向上、輸出産業化を図り、
担い手の所得向上、地域の基幹産業化を図るべきである。まずは、平地で
担い手の規模拡大、生産性の向上を図る区域（農地保全活用ゾーン）、農
業集落を中心に生活生業の場となる区域（集落居住ゾーン）、中山間農業
地域（農村環境ゾーン）というように適切にゾーニングすることが重要で
ある。

　農業の生産性の向上は、特に平地部における農地の集約、規模拡大が鍵
を握っている。前述したように、家族経営の農業からの撤退とさまざまな
施策により、大規模農業生産者への農地の集約が進んでいる。民間企業も
新技術の導入なども期待され、今後の有望な担い手である。これをさらに
進めるためには、優良農地の中に現に散在している耕作放棄地を解消し、
また発生させない取組が必要である。優良農地をゾーニングで指定し、農
業以外への土地利用転換を認めないことが効果的である。優良農地につい
ては、農振農用地に限らず、これまでに農業投資が行われた甲種農地、第
1種農地も含める必要がある。

国家戦略特区を使って養父市で展開された農業に関する規制の見直しである①農地の権利移動の許可事務を農業委員会との同意により市が実施、②農業生産法人の役員要件の緩和、[4] ③農地所有適格化法人以外の企業の農地取得の可能化、④農業への信用保証制度の適用、⑤農用地区域内における農家レストランの設置は、全国展開が期待される。特に、農地法及び農業委員会法を抜本的に見直しもしくは廃止し、農業委員会を行政委員会でなく、地方自治法第 138 条の 4 第 3 項 [5] 既定の審議会とし、農地の保全、農業の成長産業化に関する意見や助言をもらうこととし、農地の権利移動の許可事務は市が実施することが適切である。

農地転用については、前述した開発事業とみなし、農地法に基づく農地転用許可制度は廃止することを検討することが望ましい。耕作放棄地の解消にあたっては、引き続き農地利用最適化委員の活躍を期待したい。

また、コロナ禍を経験し、農業もしながら地方で生活したいという希望を持つフリーランスの若者が増えている。農業を行うためには作業場を兼ねる住宅、農地、農機等が必要である。農業集落内には多くの空き家となった農家が増加している。こうした空き家となった農家や農地をセットにして積極的に非農家にも提供することも特に過疎化が進む中山間地の農業集落にとっては耕作放棄地の解消やコミュニティの維持のために重要である。

⑾森林を保全し林業を強化するゾーニング

- 森林については、森林整備事業（林道や造林等）により持続的な林業経営を積極的に行う生産林（森林生産ゾーン）と間伐などを通じて土砂流出防備、水源涵養、自然休養などの役割を果たす環境林（森林環境保全ゾーン）に区分し、適切な管理を行う。
- 森林地に計画される太陽光発電施設や風力発電施設等については、景観や土砂流出等に悪影響を及ぼす場合があり、ゾーン別開発基準により面積や斜度などの要件を示す。

2011年の森林法改正を契機に、政府も林業の成長産業化を積極的に推進している所である。その基本的な考え方は、生産林と環境林のゾーニングである。傾斜等の自然条件や車道からの距離が近い等の社会的条件も良い森林（育成単層林）を生産林に指定し、森林経営計画制度に基づき、市町村が主導し、経営管理権を設定し、林地台帳を先行的に整備し、先行的に路網を整備するほか、主伐後の植栽による確実な更新により循環利用を図る。自然条件や社会的条件が不利な森林については環境林に指定し、モザイク施業 6) 等により育成複層林へと効率的に誘導するほか、原生的な天然生林は適切に保全するとともに、山村等の集落周辺に存する里山林は保全管理及び利用を推進する。これに沿って、都市計画でもゾーニングを行うものである。

⑿市民や事業者が関わる機会の拡大

> ・市町村都市計画マスタープランの策定、実現にあたっては、積極的に市民や事業者が参加、提案、実行する機会を用意し、市町村と市民や事業者がともに地域づくりを進めることを促す。
> ・市町村都市計画制度の運用にあたって、都市計画審議会を置き、都市計画決定や運用に関して中立公正な立場で審議を行う。なお、ゾーン別に定めた開発基準にない開発行為（特定開発事業と呼ぶ）の審査にあたっては、個人情報に関わるため、土地利用審議会（都市計画審議会の専門部会とすることも可能）を設置し、非公開で議論する。

　これまでの都市計画や農村計画においても市民が参画する機会を創出してきたが限定的であった。市町村が地域の資源である土地をどう適正に活用していくのかについて責任を持つことになる本制度の運用にあたっては、市民や事業者が関わる機会を増やし、地域にふさわしい適正な土地利用の実現に向けて共に努力することが期待される。

　市民が関わる仕組みを例示すると表5-6のとおりである。都市計画審

表5-6　市町村都市計画制度における市民が関わる仕組みの例

段階	テーマ	概要
計画策定	都市計画マスタープランの作成、ゾーニング、ゾーン別開発基準の作成	・策定委員会に、さまざまな団体の代表や公募市民委員を加え議論し策定。 ・案について説明会、パブリックコメントを実施。
計画策定	地域別構想の作成	・都市計画マスタープラン案を受けて、地域別に地域別構想策定委員会を設置し、地域で活動する団体の代表や公募市民委員を加え議論し策定。結果はマスタープランに反映する。 ・案について説明会、パブリックコメントを実施する。
計画策定	地区計画の策定	・市民等により計画案を策定、行政が支援して決定する。
運用	都市計画審議会	・審議会は、学識経験者、専門家、関係各機関代表、議員、住民等で構成し、首長の諮問に応じ都市計画に関する事項を調査審議する。
運用	土地利用審議会	・審議会は、学識経験者、専門家等で構成され、ゾーン別に定めた開発基準にない開発行為の審査等を行う。
運用	特定開発事業への関与	・説明会、公聴会等を通じて意見表明
運用	不服申し立て	・市町村の決定に不服がある場合は、都市計画審議会に不服申し立てをすることができる。審議会で審議し、できるだけ早く理由を明らかにし通知を行う。

議会は都市計画区域を有する市町村では既に設置されている。都市計画審議会のメンバーとしては、学識経験者、弁護士等専門家、議会の議員、関係各機関の代表、および住民で構成される。議事録は発言者名を明記し、公開することが望ましい。なお、圏域共同で都市計画審議会を設置、運営することも可能とする。年に3〜4回の開催となるだろう。

　開発許可については、個人情報を扱う上、私権の制限や利害の不一致が生ずる可能性があるため、専門家による土地利用審議会（都市計画審議会の専門部会とすることも可能）を設置し、非公開での議論とすることが望ましい。

⒀所管部局及び専門人材の活用

・庁内に、都市計画業務を担当する組織（都市計画課など）を置き、一元的な土地利用行政、適正な土地利用のマネジメント、開発事業の対応、関係各課との連絡調整等を担う。
・圏域で計画を策定、運用する場合には、業務を圏域市町村が共同で処理することも検討される。
・都市計画業務を担当する組織には、業務を統括する専門人材（都市計画主事などと呼称）を配置する。

本制度の運用にあたっては、全庁的な対応を行うために一元化した組織が必要となる。技術職員を有し、まちづくりを所管してきた都市計画課が所管することが望ましい。圏域で計画を策定、運用する場合、中心市の都市計画課に職員を出向させ、業務を委託して行うことや業務を分担して行うことも検討される。農業や林業との関係も強まることから、農林担当職員を兼任させたり、それぞれの専門職員を都市計画課（仮称）に配置することが検討される。

　近年、民間コンサルタントに豊富な都市計画知識を有する都市計画プランナーが相当程度育ってきている。こうした専門家は都市計画事業のノウハウのみならず、まちづくりの合意形成のノウハウも有している。建築主事のように一定の資格や経験を有し任命される「都市計画主事」（仮称）を設け、行政内部人材の養成と合わせ、期限付き任用職員として民間都市計画プランナーの活用などを図り、都市計画業務の総括（管理職業務ではなく）を行う高度専門人材を配置することが望ましい。

⑭計画の進捗管理は公開で

> ・毎年度、所管部局は都市計画マスタープランについて、「都市計画審議会」に計画の進捗状況について報告し、その意見を付して、市民に公開する。

　都市計画マスタープランの目標は概ね20年後とし、5年ごとに見直すというような長期の計画であるが、毎年度、進捗状況について、都市計画審議会での議論を経て、市民に公開し、市民の意見を入れながら、市民と育む計画とすべきである。

⒂都道府県の役割

・都道府県の役割を改めて示すと次のとおりである。
①圏域の設定
　　広域的な視点から都市計画マスタープランを策定する圏域案を客
　　観的な資料から提示し、市町村の合意を得て、圏域を定める。
②都道府県都市計画マスタープランの策定
　　市町村が定める都市計画マスタープランと整合を図り、都道府県
　　都市計画マスタープランを定める。
③都道府県都市施設の計画策定、整備
　　都道府県が所管する道路、公園、河川などの都市施設の計画決定、
　　整備、管理運営を行う。
④農業振興地域の指定、変更
　　優良農地の保全、農業生産性の向上を図るため、引き続き、農業
　　振興地域の指定を行う。あらかじめ農用地区域以外の優良農地
　　（甲種農地、第1種農地相当）も明示するものとする。なお、農
　　地転用許可と同様に、指定市町村を定め、権限を委譲することも
　　検討される
⑤都道府県開発審査会での審議
　　一定規模以上の都市地域外の開発行為については、市町村での審
　　議の前に、都道府県開発審査会で審議を行う。
⑥職員の派遣、民間高度専門人材の斡旋
　　市町村の求めに応じて、県職員を派遣したり、民間都市計画プラ
　　ンナーを登録し任期付職員として紹介する。
⑦市町村の相談対応、助言
　　制度の円滑な運用を図るため、積極的に市町村からの相談に対応
　　し、助言を行う。市町村が設置する都市計画審議会や都市計画策
　　定委員会の委員に加わることなどが適当である。

　特に小規模市町村の多い都道府県においては、協力して制度の適切な運
用に努めることが期待される。

(16)国の役割、所管、財源

- 本制度の設計、運用に国は重要な役割を果たさなければならない。制度設計としては、国土利用計画制度と都市計画制度の一体化、農地や森林関連法、建築基準法等との調整が必要となる。それに伴い、法制度の改廃も必要となる。審議会での議論、国会での検討も求められる。
- 国は「都市計画基本法」（仮称）を制定し、市町村は詳細を条例で定められるようにすることが望まれる。また、都市計画の策定及び運用の基本的な方向性を国全体で共有するために、理念や共通的事項については「都市計画ポリシーガイドライン」（仮称）を示し、適宜改定を行う。ガイドラインには、都市類型別に標準ゾーニング、開発基準を示すことが望まれる。
- 計画の策定、運用にあたって重要となる「土地利用データマップ」については、国が全国共通でのデータ仕様や調査方法を定め、ポータルサイトを通じて、国民に情報提供を行うことが望まれる。
- 国の所管としては、国土交通省に土地利用政策を担当する一元的な組織を置くことが望まれる。
- 本制度の運用のための市町村の財源としては、国や都道府県からの交付金、市町村の一般財源、受益者負担金となる。特に、都市施設の整備にあたっては、引き続き、国は支援を行う。
- 市町村の独自財源として基幹となる都市計画税は都市地域を持つ市町村については継続することが望まれる。都市計画税は事業費のみならず、都市施設の維持管理費にも充当できるようにすることが望まれる。
- 新制度導入時の計画策定にあたっての経費に関して国は十分な支援を行うことが望まれる。
- 専門人材育成にあたって、「都市計画主事」（仮称）の制度設計も期待される。

　本制度は、都市計画制度及び国土利用計画制度のほぼ50年ぶりの抜本的な見直しであり、国土利用計画法、農地法、森林法、建築基準法等の抜

本的な見直しも伴うこととなる。議論を進めるためには、国土交通省都市局が音頭をとり、国土政策局と共同して議論を進めていく必要がある。

　都市計画基本法（仮称）には、土地基本法第2条「土地についての公共の福祉優先」を改めて強く明記すべきである。

⒘導入までのロードマップ

・国土利用計画制度、農地制度等も含めての見直しとなるために、制度設計までの時間、また制度設計後、市町村が本制度に移行するためには十分な検討期間が必要となる。
・体制が整い、新制度への移行を希望する市町村を「指定市町村」とし、新制度への移行を段階的に進めるなどの柔軟な仕組みの導入も検討される。

　想定されるロードマップを描くと表5-7のとおりである。

表5-7　都市計画制度導入までのロードマップ

年度	1	2	3	4	5	6	7
国による制度設計	・審議会での議論	・制度設計 ・法案作成	・法案審議 ・制度制定 ・ガイドライン策定	・土地利用データマップポータルリイト作成 ・支援制度検討			
市町村による計画策定、運用				・圏域検討、決定	(順次) ・マスタープラン策定 ・ゾーニング、開発基準検討	・マスタープラン策定 ・ゾーニング、開発基準決定	・運用開始

　新しい都市計画制度の全体像を示すと図5-6のとおりである。

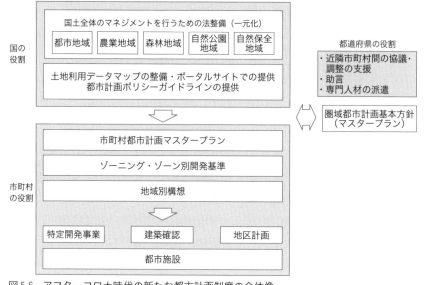

図5-6　アフターコロナ時代の新たな都市計画制度の全体像

注
1　東日本大震災による帰還困難区域を含む市町村（楢葉町、富岡町、大熊町、双葉町、浪江町、
　　葛尾村、飯舘村）を除く。
2　2018年4月の都市再生特別措置法の改正により盛り込まれた制度で、立地適正化計画の誘導区
　　域を対象に、空き地が散発的に発生している地区において、低未利用地の地権者等と利用希望
　　者とを行政が能動的にコーディネートし、所有権にこだわらず複数の土地や建物に一括して利
　　用権等を設定する計画を市町村が作成することができる制度である。税制優遇等支援策がある。
　　都市部の低未利用地の活用促進方策として期待される。
3　現状では図示されていない市町村が多いが、甲種農地（農業公共投資後8年以内農地、集団農
　　地で高性能農業機械での営農可能農地）、第1種農地（10 ha以上の集団農地、農業公共投資対
　　象農地、生産力の高い農地）という要件に従って設定してほしい。
4　役員1人いれば農業生産法人とみなすという養父市の提案は、2016年の農地法改正により全国
　　適用となった。
5　普通地方公共団体は、法律又は条例の定めるところにより、執行機関の附属機関として自治紛
　　争処理委員、審査会、審議会、調査会その他の調停、審査、諮問又調査のための機関を置くこ
　　とができる。
6　モザイク施業とは人工林を小面積（概ね1 ha）でモザイク状に伐採し、多様な林齢や林相へ育
　　成していく施業。生物多様性の確保、資源の循環利用に貢献する。

おわりに──都市計画制度改革がもたらす変化への期待

　抜本的な制度改革は常に困難を伴うが、改革がもたらす変化への期待と
デメリットを述べて本書を締めくくりたい。

⑴土地利用マネジメントに関する自治体の意識改革

　本制度により、市町村が都市、農村、森林、自然公園地域の市町村全域
の土地利用マネジメントに責任を持つこととなる。これまでは地方分権が
進んだものの国や都道府県の関与が強く、いいにつけ悪いにつけ市町村の
希望に沿えない場合が多かった。また、それが市街地や農地の低未利用化
や不適正利用の温床になった面も否めない。

　本制度により、市町村に土地利用マネジメントを所管する一元的な組織
が設置される。自らの市町村域内の土地の利用状況に目を光らせ、責任を
持って有効活用を検討しなくてはならない。アフターコロナ時代に求めら
れるサテライトオフィスや、スマート工場、植物工場、スマートシティな
どの新たなニーズを果敢にかつ迅速に受け止めることができる。

　自治体の意識改革が促されるだろう。

⑵市民の当事者としての土地利用に関する意識改革

　実質的な都市計画権限の市町村への移譲により、都市計画に関して市民
が意思を表明できるという意識が高まる。特に、地域別構想に関して地域
別構想策定委員会を設置し、地域で活動する団体の代表や公募市民委員を
加え議論し策定することは時間がかかるものの、土地を低未利用の状況で
放置させたままにすることなく有効に活用しようという所有から利用への
意識改革が進むことが期待される。また、災害危険区域についての情報を
共有し、ゾーニングを行うことで市民自らの対策を促すことが期待される。

(3)農地、森林の活用、コンパクトな市街地の形成促進

　人口減少社会におけるコンパクトな市街地の形成は重要な課題である。財政的にも厳しくなり、市街地の拡散は避けなければならない。本制度は、全市町村にコンパクトな市街地の形成を促すものである。市街地の集約化は、農地や森林の適正な保全、活用と表裏一体であり、本制度により市町村が全域の土地利用マネジメントに責任を持つことにより、実現可能となる。

(4)スマートシティへのプラットフォームの形成促進

　土地利用に関する情報が市町村に一元化され、今後の国土全体で展開されるスマートシティ構築にあたっての基盤を形成することが可能となり、市域で展開される公共サービスのデジタル化促進の契機となる。

(5)広域連携の促進

　本制度は、圏域での基本方針もしくはマスタープランの策定を位置づけている。人口減少社会においては、生活圏単位での広域連携によるサービスの提供、インフラの維持等が欠かせない。土地はすべての活動の基礎であり、土地利用マネジメントも圏域単位で調整し、市町村で意思決定を行うことが必要である。

(6)国土の有効利用の促進

　これまでは国の法律に基づき、全国一律で国土の適正利用を促してきたが、所在不明土地の増大、空き地や耕作放棄地の拡大など限界が見えてきた。成熟社会においては、市町村自らがそれぞれの地域の状況に合わせてきめ細かい管理を行うことが結果的には国土の有効利用につながっていくこととなる。

	現状	制度改革がもたらす変化への期待	課題
①土地利用マネジメントに関する自治体の意識改革	・権限移譲が進んだものの依然国や都道府県の権限事項や同意事項が多く、調整に時間がかかり、市町村が都市計画の主権者という意識が醸成できていない。 ・市街地は都市計画法、農地は農地法、森林は森林法というように別省庁所管の法律が強く、市町村が一元的な土地利用マネジメントを行うという意識が醸成できていない。国土利用計画も実態的に機能していない。	・市町村が自ら検討し、決定しなければならず、市町村内の土地の利用、マネジメントは市町村が責任を持つという意識が高まる。 ・土地利用を総合的に所管する組織の設置により、総合的な土地利用マネジメントが可能になる。 ・市町村に都市計画専門職員が位置づけられ、官民連携も進む。 ・アフターコロナ時代における新たな機能立地を迅速に受け止めることが可能となる。	・ゾーニングに市町村の独自性が発揮できる反面、情報を適切に提供しないと事業者等が混乱する。 ・開発基準の設定が適切に行われないと適正な土地利用が図れない。 ・都道府県開発審査会、市町村都市計画審議会、市民の監視が十分機能しないと、適切な運用ができない。
②土地利用に関する市民の当事者としての意識改革	・都市計画については行政任せで十分な理解や協力がない。 ・土地所有意識が高く、低未利用の状況を放置している。	・制度改正に関する説明会や情報提供の頻繁な実施、地域別構想への市民の参画などを通じて、土地利用に関する当事者意識が高まる。	・市民参画を促すための担当課の体制強化が必要である。
③農地、森林の活用、コンパクトな市街地の形成促進	・都市再生特別措置法の改正による立地適正化計画の制度化がなされたことによりコンパクトな市街地形成の意識が高まったが、策定自治体はまだ一部である。	・圏域単位でのコンパクトな市街地の考えを組み入れた計画、ゾーニングを求めることで、国土全体でコンパクトな市街地の形成を推進することとなる。	・コンパクトな市街地形成に関する市町村の意識の共有化が欠かせない。
④スマートシティへのプラットフォームの形成促進	・スマートシティはまだ個別分野に関する公共サービスの実証段階である。	・土地利用データマップの構築を契機に、市町村域でのデータの一元化がなされ、今後の活用の第一歩になる。	・スマートフォンの普及は進んだが、通信ネットワーク、データプラットフォーム、アプリ、運用など多くの課題がある。
⑤広域連携の促進	・合併が進んだことにより、都市計画区域が適切でない市町が存在する。	・圏域基本方針（もしくは圏域都市計画マスタープラン）の策定、運用を通じて広域連携が進む。	・市町村同士の調整がうまく進まないと、広域連携は名ばかりになる。
⑥国土の有効利用の促進	・空き家空き地、耕作放棄地、施業放棄森林が増加しており、歯止めがかかっていない。	・地域単位、市町村単位でのきめ細かい計画、対策により土地の活用が進む。	・予想を超えて土地活用需要の減退が起こると、特に中山間地では計画どおりにならない。

参考文献

・稲本洋之助、小柳春一郎、周藤利一（2016）『日本の土地法──歴史と現状──』（第3版）（成文堂）
・稲本洋之助（1994）「近代的土地所有権の変容」『不動産研究月報』No. 193/194
・五十嵐敬喜（1990）『検証土地基本法──特異な日本の土地所有権』（三省堂）
・五十嵐敬喜、野口和雄、萩原淳司（2009）『都市計画法改正：「土地総有」の提言』第一法規
・㈳国土技術研究センター（2004）「都市再生特別地区の活用手法に関する調査」
・大西隆（2011）『人口減少時代の都市計画：まちづくりの制度と戦略』学芸出版社
・梶井功（1981）「農地法的土地所有の成立と終焉：27年農地法の意義と限界」『関西大学経済論集』31-2
・クラウス・シュワブ、ティエリ・マルレ（2020）『グレートリセット──ダボス会議で語られるアフターコロナの世界』日経ナショナルグラフィック社
・国土交通省国土政策局（2018）『国土利用計画（市町村計画）事例集』
・小松章剛（2012）「都市の成長管理政策（米国の先進事例と日本）」『Urban study 54』、113-122、2012-06、民間都市開発推進機構都市研究センター
・全国市長会政策推進委員会・日本都市センター（2019）『土地利用行政のあり方に関する研究会報告書』
・仙北富志和（2004）「戦後我が国の農業・食料構造の変遷過程〜農業近代化のアウトライン〜」（『酪農大学紀要』2004）
・武本俊彦（2014）「土地所有の絶対性から土地利用優先の原則への転換──農地制度と都市計画制度の史的展開を通じた考察──」『土地と農業』（44）、45-67、2014-03、全国農地保有合理化協会
・武本俊彦（2018）「日本における土地の所有・利用の制度のあり方〜日本社会の拡張期から収縮期における歴史的展開過程の一考察〜」『土地と農業』（48）、114-131、2018-03、全国農地保有合理化協会
・武山絵美、谷川沙希、才野友輝（2018）「都市計画法に基づく線引き廃止が農振法・農地法に基づく農地転用に及ぼす影響── 愛媛県西条市を事例として ──」『農業農村工学会論文集』No. 307（86-2）、
・田中暁子（2009）「市街化区域・市街化調整区域の成立過程に関する研究」『都市問題』100-6 2009年6月号
・土地利用計画制度研究会「地方再生のための"土地利用計画法"の提言」（2016）UEDレポート『地方再生と土地利用計画』2016年夏号
・中井検裕、村木美貴（1998）『英国都市計画とマスタープラン』学芸出版社
・日経XTECH（2020）『アフターコロナ──見えてきた7つのメガトレンド』日経BPムック
・日本建築学会編（2017）『都市縮小時代の土地利用計画』学芸出版社
・佐藤光泰、石井佑基（2020）『2030年のフード＆アグリテック』同文舘出版
・蓑原敬（2009）『地域主権で始まる本当の都市計画、まちづくり──法制度の抜本改正へ』学芸出版社
・蓑原敬編著（2011）『都市計画根底から見直し新たな挑戦へ』学芸出版社
・宮本克己（2001）「オレゴン州の都市成長管理政策と農地・オープンスペースの保全に関する二、三の考察」『平成13年度 日本造園学会研究発表論文集』（19）
・矢作弘、阿部大輔、服部圭郎他（2020）『コロナで都市は変わるか──欧米からの報告』学芸出版社
・山下一仁「農業と農地問題」『土地総合研究』2014年秋号

石井　良一 （いしい　りょういち）

国立大学法人滋賀大学　経済学系／産学公連携推進機構　教授
東京生まれ。早稲田大学理工学大学院修士修了。ペンシルバニア
大学都市計画大学院で Ph. D を取得後、1992年に (株) 野村総合
研究所に入社、国土、地域計画、行財政改革、産業政策に関する
コンサルティング業務に従事。2010年に野村アグリプランニン
グ＆アドバイザリー (株) に出向し、農業、アグリビジネスに関
するコンサルティング業務に従事。2003年4月より滋賀大学客員
教授 (非常勤)、2012年4月より滋賀大学社会連携研究センター教
授に就任。技術士 (都市および地方計画)、一級建築士、農業経
営アドバイザー (日本政策金融公庫)。
専門は都市計画、公共経営、地域産業政策。主な共著書に『パブリッ
クサポートサービス市場ナビゲーター』(2008年4月、東洋経済
新報社)、『自治体の事業仕分け−進め方・活かし方−』(2011年6月、
学陽書房) 等がある。

本書の出版にあたり、滋賀大学経済学部から助成を受けた。

アフターコロナの都市計画
変化に対応するための地域主導型改革

2021年3月10日　　第1版第1刷発行
2021年4月20日　　第1版第2刷発行

著　　者　　石井良一

発 行 者　　前田裕資

発 行 所　　株式会社 学芸出版社
　　　　　　〒600-8216　京都市下京区木津屋橋通西洞院東入
　　　　　　電話 075-343-0811
　　　　　　http://www.gakugei-pub.jp/
　　　　　　E-mail info@gakugei-pub.jp

編集担当　　岩崎健一郎

D T P　　KOTO DESIGN Inc.　山本剛史・萩野克美
装　丁　　中川未子 (よろずでざいん)
印　刷　　イチダ写真製版
製　本　　山崎紙工

© Ryoichi Ishii 2021　　　　　　　　　　　Printed in Japan
ISBN 978-4-7615-2766-2

コロナで都市は変わるか
欧米からの報告

矢作弘・阿部大輔・服部圭郎・ジアンカルロ・コッテーラ・マグダ・ボルゾーニ 著
四六判・284 頁・本体 2200 円+税

新型コロナと闘い、次の飛沫・空気感染症の爆発に備えるには、高密度巨大都市、人と人の交流空間、公共交通を捨て、車と郊外生活、在宅勤務を進めることが必要なのか。ロックダウンから半年を経た今、欧米で盛んになされた議論、先取りされた施策を振り返り、アフターコロナの時代の都市づくりのための論点を提示する。

インバウンド再生
コロナ後への観光政策をイタリアと京都から考える

宗田好史 著
四六判・284 頁・本体 2400 円+税

海外からの観光客が途絶えて半年。その経済的損失の大きさにたじろぎ、かつてオーバーツーリズムと言って忌避したインバウンドの再生を切実に待ち望む声が高まっている。しかし、拙速な回復策は禁物だ。同じ失敗は繰り返せない。身近な場所での異文化交流を文化都市に転換する力にする観光政策のあり方を示す。

ポスト・オーバーツーリズム
界隈を再生する観光戦略

阿部大輔 編著
A5 判・236 頁・本体 2500 円+税

市民生活と訪問客の体験の質に負の影響を及ぼす過度な観光地化＝オーバーツーリズム。不満や分断を招く"場所の消費"ではなく、地域社会の居住環境改善につながる持続的なツーリズムを導く方策について、欧州・国内計 8 都市の状況と住民の動き、政策的対応をルポ的に紹介し、アフターコロナにおける観光政策の可能性を示す。

学芸出版社 | Gakugei Shuppansha

- 図書目録
- セミナー情報
- 電子書籍
- おすすめの 1 冊
- メルマガ申込
  （新刊 ＆ イベント案内）
- Twitter
- Facebook

建築・まちづくり・
コミュニティデザインの
ポータルサイト

WEB GAKUGEI
www.gakugei-pub.jp/